U0283832

食日谈

餐桌上的中国故事

李昕升 著 马浩然 绘

江苏凤凰科学技术出版社·南京

图书在版编目（CIP）数据

食日谈：餐桌上的中国故事 / 李昕升著；马浩然
绘. —— 南京：江苏凤凰科学技术出版社，2023.2（2023.10重印）
ISBN 978-7-5713-3291-4

Ⅰ．①食… Ⅱ．①李… ②马… Ⅲ．①作物－农业史
－中国－通俗读物 Ⅳ．①S5-092

中国版本图书馆CIP数据核字(2022)第200058号

食日谈　餐桌上的中国故事

著　　　者	李昕升	
绘　　　者	马浩然	
项 目 策 划	凤凰空间/李　佳	
责 任 编 辑	刘屹立　赵　研	
特 约 编 辑	李　佳	

出 版 发 行	江苏凤凰科学技术出版社
出版社地址	南京市湖南路1号A楼，邮编：210009
出版社网址	http://www.pspress.cn
总 经 销	天津凤凰空间文化传媒有限公司
总经销网址	http://www.ifengspace.cn
印　　　刷	北京博海升彩色印刷有限公司

开　　　本	889mm×1194mm　1／32
印　　　张	8.5
字　　　数	217 600
版　　　次	2023年2月第1版
印　　　次	2023年10月第2次印刷

标 准 书 号	ISBN 978-7-5713-3291-4
定　　　价	88.00元（精）

图书如有印装质量问题，可随时向销售部调换（电话：022-87893668）。

推荐序：我们为何需要农史类科普书

　　李昕升博士的大作《食日谈　餐桌上的中国故事》即将出版，他希望我能写篇序。首先我觉得非常荣幸，然而答应之后又有点后悔。我自己从2014年开始也陆续写了一系列讲作物起源的科普文章，并预备再写若干篇结集出版，但八年过去了，因为偷懒，至今还没有写完。今年，看到李博士（还有他书中提到的另一位史军博士）不声不响地就推出了他们自己有关这一主题的作品，怎能不让人为自己的拖延症后悔呢？

　　不过，相对于读者的需求，国内靠谱的农史类科普书太少，所以这样的作品当然是多多益善。我自己本来是做植物分类研究的，之所以会"跨行"去写农史类的文章，就是因为读者确实比较关注相关的话题。换句话说，市场的力量，会不由自主地把植物类的科普作者引到"农"和"医"这两个领域中去。这个现象的背后，显然有文化传统的因素。按照著名科学史家吴国盛先生的说法，中国古代的"科学"，主要有四大领域，除了"天"和"地"，就是"农"和"医"。难怪国人会天然对这些领域的科学话题感兴趣。

　　我一直主张，要真正热爱祖国的文化，最好是能深入了解它。比如我们都为中国古代的农业和农学成就自豪，但你可知"农"

这个字的由来？坦率地说，我在写这篇序的时候，才想到要了解一下这个问题。原来，"农"这个简化字，本来写作"農"。其下面的"辰"，据著名古文字学家裘锡圭先生的解读，在甲骨文中像是把一块略呈V形的石片以两根小绳绑在木棍上，这可能就是中国最早的除草用具。后来，"辰"这个字才转义指星名和地支第五位；同时，它本来所指的那种简易耕器，也改名叫作"耨"。"耨"这个字里也有个"辰"，当然不是偶然的。了解了这些，现在我再看到"農"这个字时，眼前便会浮现出三千多年前中华文明初兴之时，先民持"辰"孜孜耕耘的场景。

我还一直主张，我们不光要深入了解祖国文化，还应该公正客观地去了解。李博士是农史研究科班出身，这本书里就体现了这种公正客观的态度。比如近年来有一种流行说法，就是中国清代的"康乾盛世"是由美洲传入的作物促成的。而且这并不只是网络上一些自媒体间相互转载的"都市传说"，而是"量化史学"所得出的（可能还颇为得意的）研究成果。然而，这一观点并不严谨，更经不住质疑，中国历史地理学界的韩茂莉、侯杨方等研究者此前都曾公开撰文驳斥，李博士也亲自做了"量化研究"，更有力地否定了这一观点，并在本书中介绍了他在这方面的结论。李博士通过多年对番薯文献的搜集和梳理，也不认同附加在番薯入华之上的种种观点，认为应该为读者呈现客观真实的历史面貌。

科普在中国，有时候仍然是一种尴尬的事业。其中一大尴尬就是，你辛辛苦苦查文献、找数据写的文章，很可能影响力还比不上网络"爆文"。那么为什么我们还要做科普？在我看来，总有人会对严肃真实的科普作品感兴趣。所以我们要竭力让这些人找到、看到他们想看的东西，而第一步，就是要有人愿意把这样的东西写出来。

感谢李昕升博士，愿意在百忙之中，甚至是"迷茫"之中，充当了农史科普领域的知识普及者。

通俗读物作者、译者、上海辰山植物园科普部研究员　刘夙
2022年7月

前言

当前精神文化生活日益丰富多彩，我们已经不能满足对"帝王家史"的追寻与探求。吃吃喝喝的历史，或称之为食物史、农业史、植物史、作物史、饮食文化等，与我们每个人的生活息息相关，因此，对于口腹之欲，我们总是有太多的兴趣与疑问。动物史其实也应该是本书的讨论范畴，但限于笔者的研究兴趣、本书框架设计，内容体量等，并没有展开。

法国昆虫学家法布尔（Jean-Henri Casimir Fabre）曾说过："历史赞美把人们引向死亡的战场，却不屑于讲述人们赖以生存的农田；历史清楚知道皇帝私生子的名字，却不能告诉我们麦子是从哪里来的。这就是人类的愚蠢之处！"本书所讨论的"舌尖小史"，不仅是学术研究的重要命题，同时也是科学普及的必备话题。

食物史研究方兴未艾，它们是全球史、公众史天然的组成部分，本书也是如此。以科普为名，立足中国、放眼世界，是笔者作为学院派"产学研"结合的一次尝试。近些年，类似的著作出版了不少，据笔者不完全统计就有几十部之多，这其中多数为译作，也反映了国外在这一领域先声夺人近十年，而国内也逐渐"觉醒"，相关著作如雨后春笋，是对该领域强烈需求的一种回应。

笔者认为，已出版著作，不少有两大弊端：一是拾人牙慧，虽然我们不要求篇篇创新，但是应该有自己的观点，不少论述将前人的学术成果不加分辨地直接"拿来主义"，之后又被他人因袭，如果是正确叙述还好，否则便是错误陈陈相因；二是想象建构，信誓旦旦地输出一些错误观点，导致错误被逐渐放大，误人子弟，类似例子见于笔者批判的"美洲作物决定论"，又如，番薯入华前人叙述多猎奇色彩，后人越说越玄，已经弄假成真了。这是现实的无奈，读者可能对细节错误也不甚在意，只要大方向没有问题便可，所以笔者也许也有些求全责备，但是笔者认为还是要本着严谨的态度精益求精，将每次书写都作为一次全新的研究过程。当然，同类著作的精品也有很多，比如刘夙、史军等老师的作品。

此前笔者就在微博上对此种现象有所批评，但是力不从心，有"站着说话不腰疼"之惑，毕竟"你行你上啊"，一来琐事缠身，二来科普难写。琐事缠身无非是高校的生存压力和家庭的生活压力，高校的教学、科研、绩效、考核等，家庭的各种琐事（我们家是双胞胎），都使我很难挤出时间从事此项工作，特别是科普写作在高校系统很难被承认，不算"工分"，让人意兴阑珊。科普难写则是学术论文与科普专论的行文、风格、框架完全不同，虽然它们皆是在一定的问题意识和专业素养下抽丝剥茧的反思与重构，但是不言而喻，学术论文阅读起来相对枯燥，特别对于非专业人士来说味同嚼蜡，科普专论则应该是妙趣横生、生动活泼的，兼具知识性与趣味性，这样的一种思路转变对我是一个挑战。此外，科普专论要求做到厚积薄发，没有一定的功力很难做到入木三分，所以我们看到有一个"大家小书"系列，只有"大家"才能写出"小书"，君不见我们农业史研究的祖师爷万国鼎先生流传最广的专著便是《五谷史话》。所以，我从2022年11月起化身B站UP主"李昕升讲食物史"，亦是我庞大科普计划的实践。

是故，本书的写就需要契机，而且需要多个契机，事物的发生、发展往往是多个因素合力的结果，这些因素共同玉成此事。应《百科知识》杂志社王凯老师之邀为该刊撰写专栏；在《读书》（曾诚老师等）、《南方周末》（黄白鹭老师）、《中国社会科学报》（杨阳老师、徐鑫老师等）、《澎湃新闻·私家历史》《澎湃问吧》（于淑娟老师等）等平台发表文章、参与互动话题；在郭咏梅老师的推荐下于2019年6月15日在杭州参加大型演讲类活动"一席"；作为评议人参加许金晶老师组织的梅园经典共读小组第三十五期共读沙龙；中国科普作家协会对本人组织的科普中国专家沙龙活动"植物史科普——我们应当如何开展？"的支持，也不能不提本人作为中国科普作家协会会员、江苏省科普作家协会会员的科普自觉；最后便是天津凤凰空间文化传媒有限公司大力促成此事，多亏了李佳老师，感谢她不厌其烦、挖空心思的出谋划策、催稿督促，以及责任编辑刘屹立老师、终审文编郑树敏老师的细致修订，美术编辑李迎老师、插画师马浩然老师的精心绘图；通俗读物作者、译者、上海辰山植物园科普部研究员刘夙老师撰写了序言，北京大学科学传播中心刘华杰教授、科普作家袁硕老师（河森堡）、科普作家史军老师、微博生物科普博主"开水族馆的生物男"为本书作了推荐，四川大学王钊老师提供了图片参考。以上，一并致谢。

最后谈一谈本书的特色。本人多年沉浸于农业史研究，这是科学技术史（笔者在读研前也完全不知道这是一个什么学科）一级学科下的一个重要研究方向，无论历史、今天、未来，"大国小农"是中国的基本国情，农学是中国自古以来最重要、最基本、最实用的学问之一，古代四大知识体系便是农、医、天、算。我在南京农业大学度过了我重要的学习工作时光——本科、硕士、博士、博士后、副教授，除了基本功之外，我的学术逻辑、学术思维均在这里形成，南京农业大学农史研究特色便是注重学科交融，注重农学与史学的并行不悖，对我影响至深，使我掌握了一种"冷门绝学"，这就是本书最大的特色。虽然在2021年，我已经工作调动至东南大学人文学院历史学系，但是南京农业大学潜移默化、润物无声的影响还将陪伴我一生。

需要说明的是，研究过程还得到了国家社科基金冷门绝学研究专项学者个人项目"明清以来玉米史资料集成汇考"（21VJXG015）、国家社会科学基金中国历史研究院重大历史问题研究专项重大招标项目"太平洋丝绸之路"档案文献整理与研究（LSYZD21016）、江苏高校哲学社会科学研究重大项目"明清以来番薯史资料集成汇考"（2021SJZDA116）、四川省哲学社会科学重点研究基地川菜发展研究中心重点项目"中国番薯史资料整理与研究"（CC22W03）、中国科学院青年创新促进会课题"作物历史与中国社会"（2020157）的支持。由于本书的性质，行文没有一一出注，读者见谅。部分作品已经先行见于刊物，如《荔枝品种命名》一文为本人与学妹王昇合作、《为何中国作物起源在近代频遭质疑？》一文见于《历史评论》2022年第1期，收入时均有增补。

谨将本书献给南京农业大学，母校的培养永不敢忘；献给东南大学，在我迷茫之时接纳了我。

李昕升

2022年雨水写于南京家中

目录

访谈：世界餐桌上，少不了中国故事

受访：李昕升
采访：《南方周末》原特约撰稿人黄白鹭

黄白鹭 中国地大物博，农耕文明也具有鲜明的特色。在作物的传播方面，中国对世界有着怎样的贡献？

李昕升：今天全世界的重要作物有600来种，其中至少一半都起源于中国。在这里，作物的概念主要指可食用农产品，换言之，全世界作物物种的一半都起源于中国，或者中国是起源地之一。比如水稻可能有多起源中心，所以说中国是起源地之一。

中国的作物不管是丰富了世界的饮食文化也好，还是改善食物结构也罢，作用都是非常大的。

而且现在南瓜、番薯等这些外来作物，中国既是第一大生产国，也是第一大消费国，还是第一大出口国，规模优势就在这里摆着，倒是本土的一些作物，反而可能就位居人后了。比如大豆是中国原产，自古以来就是我们的重要作物，但现在中国却不是大豆第一生产国，第一是美国，而且中国在这方面与其差距很大，望尘莫及。但是美国人必须要感谢中国大豆，因为要是没有大豆，美国的土地可能早就退化了。

黄白鹭 ◁── 是因为大豆可以为土地增肥吗?

李昕升：对，大豆能够起到天然氮肥的作用，能固定土壤肥力。这里要分享一本书——《四千年农夫》。这本书的作者富兰克林·哈瑞姆·金教授，曾任美国农业部土壤局局长，写这本书的背景是当时美国的西进运动，开垦了很多土地。但是我们都知道，西方国家对土地的消耗都是非常厉害的，不像中国，用地和养地相结合，才保证了几千年来土地的肥力毫不丧失甚至更加肥沃。在中国人的土地上，一年种好几茬，第二年、第三年照样种，也不至于减产，就是因为我们保护土地很有一套，这是几千年传承下来的智慧。当然到了20世纪的时候，化肥用得多，新的污染就摆到台面上了。

早期美国肥料用得不多，他们又没有中国人用地养地的技术，造成土地肥力的严重流失。所以这位金教授才专门过来考察，他先去日本，后来到中国，考察的时候，发现中国劳动人民的伟大。他们是名副其实的"四千年农夫"，同一块地上耕作了数千年，土壤肥力还不见下降。美国人耕种才刚刚一百年，土地就扛不住了。他来中国学习，主要的目的有两个，一个是土地，一个是肥料。他发现，除了粪肥之外（中国人自古以来就用人畜粪等制成肥料，美国没有这个传统），中国还有一个非常厉害的东西，就是大豆。

金教授虽然之前对中国农业就有所了解，但亲眼所见之后，才更觉得大豆是个好东西。首先大豆的产量不低，是典型粮食作物，位列古代五谷之一，其次大豆还可以用来增加土地肥力。大豆能够积聚氮肥，氮就是今天化肥的主要原料。金教授回去把这本书出版了，在美国的社会上引起了较大反响，所以20世纪初前后，美国西部大农场开始广种大豆。

黄白鹭 所以说像大豆这样的作物传播出去，也是中国作物的突出贡献之一，间接养活了很多人。

李昕升：是的，要是按西方的一套来做，他们每亩地其实养活不了多少人，如果没有大豆的话，怎么办？土地过两年，就逐渐退化了，失去肥力了，那就没有任何意义了。

确实由于中国作物的传播，养活了无数的人口。一方面，增加了作物品种，丰富了世界人民的饮食选择，优化了食物结构，催生了新的饮食文化；另一方面，中国有很多高产、优质的作物，世界的人口数量能达到今天的水平，中国的作物是功不可没的。

菜豆又名四季豆，美洲三姐妹作物之一，在美洲用于固定土壤中的氮元素以滋养玉米，清初传入云南后，以云贵高原为中心，逐渐向全国推广开来。

李昕升：一样会传播文化，比如中国传到日本的豆腐，以及茶、水稻等，伴随着作物的传播，也往往会有技术、文化和人的交流。比如说大豆，延伸出的文化可以说是非常丰富的。日本人曾把豆腐叫作"唐符"或者"唐布"，据说是唐朝时期鉴真和尚传入的，所以日本豆腐行业把鉴真奉为祖师爷，而且豆腐在日本的地位很高。1654年，隐元大师东渡，又把新的豆腐制作工艺传入日本。日本的茶文化其实也是跟我们唐朝学的，这是直接的文化输出。

再举个例子，比如说在华南一带，有一种铜鼓文化。铜鼓文化是和水稻文化密切相关的，没有水稻就没有铜鼓，因为铜鼓主要用来祭天、歌颂丰收，所以铜鼓就是稻作文化的直接产物。我们今天看到东南亚地区，也有这种铜鼓文化，受华南影响的痕迹颇深。包括水车文化也是如此，水车是为灌溉稻田而生，没有水稻就没有水车，所以我们今天提起水车文化，那必须要先谈稻作文化，否则割裂地提水车文化，根本是没有意义的。

黄白鹭　中国作物向外传播之外，外来作物传入中国是否有几个高峰期这样的说法？

李昕升：丝绸之路就是这样一条作物交换的路线，几个大发展的时期分别是汉代、唐宋和明清，截至20世纪初，重要作物已经交换得差不多了，没交换的大部分是一些重要性不甚突出的作物，意义相对打了折扣。比如说鲜花，为什么20世纪掀起交换的高潮？一方面因为20世纪是中西交流的高潮，来华的外国人数量大增；另一方面在产业革命之前的西方，就大众来说，生存需求是第一要义，审美需求屈居次要，毕竟人只有满足了生理需要，才能追求更高层次的需求。

黄白鹭　汉代最知名的外交家（开拓者）是张骞，好像很多作物都是他带回来的？

李昕升：汉代以陆上丝绸之路为主，张骞实际上只带来两样作物：葡萄和苜蓿。其他的都是随之而来，多被归功于英雄人物张骞的名下了。这些作物多带胡字，比如胡麻（芝麻）、胡椒、胡瓜（黄瓜）、胡豆（豌豆）等。

葡萄是张骞带回来的，同时西域小国也有进贡的，他们因为要做葡萄酒，就把葡萄先带过来了。张骞带回来还有苜蓿，苜蓿是喂马吃的，但是我们今天人也吃。为什么要把苜蓿带过来呢？因为当时西域有一个国家叫大宛，那里盛产大宛马，又称汗血宝马，吃中国的草料不行，必须要吃当地的苜蓿。所以张骞顺便就把苜蓿带回来了，在中国栽培了很多。但苜蓿人也可以吃，还可以作为肥料作物。

汉代的作物传播虽然说不一定有明清时期那么重要，但单就物种品种来说非常多。有些作物的名称可能罕有人知，比如说莙荙菜，用来做糖的，说甜菜的话可能就有很多人知道了。种类较多的一个原因是交流实在被阻隔太久，张骞"凿空西域"之后，迅速深入交流。

黄白鹭 ＜ 唐宋时期的作物传播又有什么特点？

李昕升：这一时期传播阵地转到海上，因为正值吐蕃崛起，切断了陆上贸易，于是突出特点就是海上丝绸之路的兴起。作物方面很多都是现在我们日常熟悉的，比如说西瓜、菠菜、莴苣、胡萝卜等。

海上丝绸之路汉代就有了，只能说是从唐代开始兴盛的，当时的泉州，是世界性的大港口，以输出瓷器为主。刚才说的，很多此时传入的作物都是从海上丝绸之路进来的。

唐宋时期还有一个非常重要的作物，是水稻的一个品种，叫占城稻，来自越南的一个小国，叫占城国。这种占城稻之所以是重要的作物，因为它适应性比较强，能在很多地区栽种。水稻以前是很难上山的，因为山地温度低、气候干旱，但是占城稻却能活下来，而且早熟，非常适合作为早稻栽种。于是就在中国发扬光大了，被一些学者称为"粮食革命"。

黄白鹭 明清时期伴随着哥伦布的地理大发现，是不是也意味着这段时期传入的作物影响最大？

李昕升：影响确实大，因为传入了很多高产的粮食类作物。这段时间传入的作物以美洲作物为主，有一个规律是，多带"番"字，比如说番茄、番瓜（南瓜）、番石榴、番椒（辣椒）、番薯，还有美洲棉、四季豆、菠萝、烟草等。

现在一般谈美洲作物，多提及玉米、番薯和土豆，它们的传播路径高度雷同，都是从东南亚传到中国，只不过是传入的时间、传入的地点、传入的人物有差别。或是西班牙人带来，或是葡萄牙人带来，或是华人华侨带来，但都是从东南沿海进来，也就是从海上丝绸之路进来的。

黄白鹭 一个有趣的现象，明清时期传入了辣椒，但是沿海一带的人其实都不吃辣，反而是稍后传入的内陆地区人们口味很重，辣椒得到推广种植。为什么有的作物能迅速推广，有的就不能呢？

李昕升：影响某个物种能否在当地传播推广的因素，其实非常多，简单归纳的话有两点：一是这个作物要具有经济价值，二是要能够融入当地作物的种植制度。有经济价值这点很好理解，一个作物能不能推广，不是地方官说了就算的，地方官说大家都种玉米，大家就跟着种玉米吗？大家又不是傻子，考虑的还是要养活自己。能不能推广的主要原因还在于这个外来作物具不具有替代性。原来好好的作物不种了，改成这个作物，要能让人获得切实可行的利益，要么更高产，要么能产生经济价值，必须有让人能看得见的利益。

比如说番薯亩产确实很高，亩产上千斤，比之前的作物高产多了。像明末福建巡抚金学曾一推广，大家就种了，但是有很多省份，地方官推广并不顺利，刚开始是种了，过两年人们又不种了，因为人们觉得亏了。辣椒也是，和当地饮食习惯、口味不一致，大家很难爱上这个东西，就算强制推广，也就前两年有所斩获，难以为继，西南地区辣椒作为香辛料、食盐的替代品，加之有祛湿的说法，推广很快，后来居上。番薯能够在福建、广东得到长期的推广，也在于人们确实能看到利益。

第二个原因要好好解释一下，就是融入当地作物的种植制度。比如说近代之前在山东番薯种得少，为什么？因为番薯在山东，无法和本地原有种植制度衔接。北方的整个作物种植主要以冬小麦为核心，农民会选择不种冬小麦的其他时间，去种一些其他的作物，但是冬小麦在北方九十月份播种，第二年的五六月份收获。如果要再种其他的作物，就必须在五月份到十月份之间，但是番薯是不能配合这个时间段的，番薯的生长期长，如果要五月份种番薯，要十月底、十一月才能收获，这样就错过小麦的播种期了。

小麦一直都是北方的核心，农民不可能为了种番薯，把小麦给拿掉，而且小麦本身的经济价值会比番薯要高，农民会先考虑自己的利益。

南方就不一样了，因为南方的热量高，生长期长，一年能种番薯的时间长。比如说在北方五月份就要播种番薯了，但是南方可以提前到三月，要是在海南岛，一月份就可以种了，延长了生长期，番薯就能够融入当地的制度，但是在北方就融不进去。这就是为什么到今天为止，番薯在北方种得也不是很多的原因。

黄白鹭 一些学者认为，如果当时番薯在全国已经普及开，明朝就不会灭亡，您怎么看？

李昕升：这一种说法，我是不同意的，虽然这个观点的影响非常大。明朝灭亡的主要原因是农民起义，农民起义的一个原因，那就是天灾人祸。有人说主要原因是适逢饥荒，如果番薯、玉米这些作物在全国都推广的话，那就不会有农民起义了，这样明朝搞不好还能继续延续，就不会灭亡了。

其实我觉得朝代灭亡的原因是多方面的，就算这些高产粮食作物都传播了，但是还有一些其他的因素，如小冰期、通货紧缩等。比如在清末，番薯、玉米早就在全国普及了，人们都已经把它们当成主粮作物，清朝还是灭亡了。

我觉得不能把美洲作物的地位拔得太高，虽然说它们是非常重要的作物，但是也要知道，中国养活这么多的人口，主要是靠什么？主要靠的还是水稻。玉米、番薯，作用非常大，我们是承认的，但是充其量只能养活几千万人，养活不了数亿人，归根到底，支撑中国农业社会的还是水稻，水稻都没有刹住王朝的灭亡，玉米和番薯也无济于事。

总论篇

蔬菜从哪儿来?

　　在我国的主要农作物中，至少有300多种来自域外（国外及现在的少数民族地区），主要粮食作物除了明清时期引进的玉米、土豆、番薯外，基本来自我国主要农区。但我国古代源自本土的栽培蔬菜却不多，《诗经》等文献记载的可食用蔬菜有20余种，但人工栽培的却少之又少，只有甜瓜、芸、瓠、韭、蔓、葵6种，很是缺乏。

　　西汉时期，人们开始从西域引进蔬菜，这些蔬菜大部分来自亚洲西部，也有一部分来自地中海地区、非洲或印度，基本上是通过新开辟的丝绸之路传入的。据汉代《氾胜之书》《四民月令》《急就篇》等文献统计，栽培蔬菜有20余种。汉代的栽培蔬菜，相当一部分是从域外引进的，如苜蓿、大蒜、香菜、豇豆、黄瓜、豌豆、茄子、胡葱等，几乎占到了总数的一半。

　　北魏时期，《齐民要术》中记载栽培方法的蔬菜增加到30余种。魔芋、茄子来自我国少数民族地区，都逐渐传入中原；莙荙菜虽然在南朝已有，但迟至元代《农桑辑要》才叙述其栽培方法。明清之前，虽然栽培蔬菜种类不断有所变化，但是很长时期，总的数量几乎没有大的增加。

唐代以后，随着经济重心的南移，海上丝绸之路迅速发展，开始有新的蔬菜传入我国。唐末五代成书的《四时纂要》按月讨论了30余种蔬菜的栽培方法，这一时期引自域外的蔬菜有莴苣、菠菜。南宋《梦粱录》记载的蔬菜有40余种。元代王祯《农书》记有栽培方法的蔬菜也有30余种。人们熟悉的丝瓜、胡萝卜是这一时期新增加的蔬菜的代表。

不过在明代之前，我国蔬菜仍然处于缺乏状态，所以以精耕细作为特征的中国传统农业不断地引进新的蔬菜。明清时期，蔬菜种类增加很多，基本都来自美洲，如番茄、辣椒、结球甘蓝等；也有少数来自其他地区，如在明代被广泛栽培的蕹菜便来自岭南。清代《农学合编》共总结了57种栽培蔬菜，清代《植物名实图考》中的记载进一步增至176种蔬菜。明清时期引进的蔬菜，增加了蔬菜品种，丰富了人们的饮食结构，最终形成了瓜茄菜豆为主体的蔬菜结构。

纵观历史，我国蔬菜种类发生了较大变化。一些我国本土蔬菜如蓼、蘘荷、荠、牛蒡等重回野生状态，西汉《灵枢经·五味》所说的"五菜：葵甘，韭酸，藿咸，薤苦，葱辛"，指的就是当时最常见的五种蔬菜葵、韭、藿、薤、葱，后来多半回归野生。一些明清以前从未栽培过的蔬菜，番茄、南瓜、辣椒等，却获得了极大的发展。还有一些蔬菜，如白菜、萝卜、葵、蔓菁等，它们的栽培比重发生了很大的变化，李时珍《本草纲目》记载古代葵菜是"百菜之主"，明代白菜取代葵成为百菜之主、萝卜取代蔓菁成为南北广为栽培的根菜。我国一向重视种植业的发展，增加生产一般从植物性产品着眼。蔬菜周年供应不平衡的问题古人很早就注意到了，尤其缺少夏季食用的蔬菜，不同历史时期我国一直在引进来自域外的蔬菜（见下表）。

夏季是我国古代的蔬菜供应淡季，"园枯"现象时有发生。在我国本土蔬菜尤其夏季蔬菜比较紧缺的情况下，主要通过引进的方式增加夏季蔬菜品种，以解决"夏畦少蔬供"的情况。明代以前，虽有引进，但仍难以满足人们对夏季蔬菜的需求。明清以来，随着美洲蔬菜作物的引进，加之充分发挥本土蔬菜作为夏季蔬菜的潜力，最终在清代形成了以茄果瓜豆为主的夏季蔬菜结构。

来自域外的主要蔬菜

秦汉	魏晋南北朝	隋唐五代	宋元	明	清、民国
苜蓿（［西汉］司马迁《史记·大宛列传》）	茴香（［三国魏］嵇康《怀香赋》）	莴苣（［唐］杜甫《种莴苣》）	胡萝卜（［南宋］常棠《澉水志·物产门·菜》）	辣椒（［明］高濂《遵生八笺》）	土豆（清光绪《浑源州续志》）
豌豆（［东汉］崔寔《四民月令》）	莳萝（［晋］顾微《广州记》）	菠菜（［唐］段公路《北户录》）	丝瓜（［南宋］杜北山《咏丝瓜》）	番茄（［明］王象晋《群芳谱》）	西葫芦（清顺治《云中郡志》）
胡葱（［东汉］崔寔《四民月令》）	蕹菜（［南梁］陶弘景《名医别录》）	西瓜（［北宋］欧阳修《新五代史·四夷附录》）	苦瓜（［南宋］普济《五灯会元》）	南瓜（明嘉靖《福宁州志》）	笋瓜（清乾隆《大名县志》）
蘘荷（［东汉］许慎《说文解字》）	扁豆（［南梁］陶弘景《名医别录》）	刀豆（［唐］段成式《酉阳杂俎》）	洋葱（［元］熊梦祥《析津志·物产》）	菜豆（明万历《雷州府志》）	结球甘蓝（［清］杨宾《柳边纪略》）
	黄瓜（［北魏］贾思勰《齐民要术》）	球茎甘蓝（［唐］孙思邈《备急千金要方》）		花生（［明］方以智《物理小识》）	菜豆（清同治《上饶县志》）
	豇豆（［三国魏］张揖《广雅·释草》）				西芹（清末农工商部农事试验场档案）
	大蒜（［晋］张华《博物志》）				花椰菜（民国七年《上海县续志》）
	香菜（［晋］张华《博物志》）				豆薯（清乾隆《顺德县志》）
	胡椒（［晋］司马彪《续汉书》）				

注：本表所列典籍为最早记录该蔬菜的文献。

粮食安全话古今

"食色性也"，吃吃喝喝是与家国天下息息相关的命题，不仅关乎口腹之欲、食疗养生，而且与人民生计、社会生活紧密勾连。特别是后者，是否吃得饱、吃得好，直接关系国家稳定，所以历朝历代国家机关都特别重视粮食安全。

重农思想

中国古代历来强调以农为本，这就是我们朴素的重农思想。重农是中国古代粮食安全的基本指导思想，是中国古代经济思想的一条主线。

中国传统社会以农业经济为主，农业是国家财政收入的主要来源，是国家经济的基础，直接关系着国家政权的巩固、社会秩序的稳定。因此，历朝历代都十分重视粮食安全，帝制社会统治者一向有春耕籍田的传统。总之，源远流长的重农思想，两千多年来一直对中国的政治、经济、文化产生着重要影响。

先秦时期重农思想的主要内容是重视粮食生产，重农富民，重农抑商，以农立国。管仲把重农看作是富国强兵之道；孔孟重农则主张发展农业生产；荀子主张重农抑商，轻徭薄赋；商鞅持农战思想，重农是为了在诸侯争霸中取得胜利。秦汉以后，重农则是为了巩固国家政权。西汉晁错"贵粟论"提出重农是国家的重要政务，贾谊提出重农抑商的经济政策，桑弘羊冲破战国以来重农抑商思想桎梏，提出了通过发展工商业来促进农业发展的思想。

北魏贾思勰总结"洪范八政"，首次提出"食为政首"的观念。唐太宗李世民重农则是把农政作为政务之首。明代徐光启的农政思想认为农业是富国强兵的根本，"理财莫先于务农"。18世纪法国"重农学派"的兴起深受中国重农思想的影响。

可以说，中国的重农思想最早在先秦便已诞生。以《吕氏春秋》为始，历代农书开篇列举大量重农事迹，说明农业对国计民生的重要作用，强调以农为本，反映了农学家重农劝耕的良好愿望和古代粮食安全的基本指导思想，成为农书内容的精神依托、立论之源。

中华人民共和国成立后，农业作为基础产业，粮食作为保障民生的物质基础，被提高到事关国计民生的战略高度。毛泽东提出了"农业是国民经济的基础"的战略思想。1978年后，改革开放战略的实施，使我国进入了工业化、城镇化和市场化快速发展的历史时期，在新历史条件下，形成了中国特色社会主义"三农"思想。

安全实践

在重农思想的指导下，粮食安全不是一句空话，历史时期关于粮食安全的实践，主要有制度、政策保障与技术创新两个方面。

制度、政策保障在国家层面可以分为土地制度与荒政体系两大层次。历来土地制度的改革均是为了提高人民粮食生产的积极性以应对粮食危机，从西周"井田制"到战国"为田开阡陌封疆"，从西晋"占田课田制"到北魏"均田制"，从唐代"两税法"到明清"一条鞭法""摊丁入亩"，制度、政策的变迁无疑是为了因时因地地保证粮食安全。虽然古代也有着"耕者有其田"的理想，但终究只能是理想，只有中国共产党领导的四次土地改革才堪称真正意义的革命，才能一劳永逸地完成这一历史任务，继而1958年提出"以粮为纲"、1978年"家庭联产承包责任制"、2006年"全面取消农业税"等，使得中国解决了温饱问题，但是制度、政策保障依然不能放松，也是我们坚守耕地"18亿亩红线"的原因。

荒政体系则是未雨绸缪的直接体现。早在西周就已经形成了完备的荒政体系，"十二荒政"说："以荒政十有二聚万民：一曰散利，二曰薄征，三曰缓刑，四曰弛力，五曰舍禁，六曰去几，七曰眚礼，八曰杀哀，九曰蕃乐，十曰多昏，十有一曰索鬼神，十有二曰除盗贼。"以后历朝历代不断发展完善这一思想，如汉武帝采取桑弘羊的"平准均输"。相关政策主要体现在赈济（包括以工代赈）、蠲免、仓储备荒等几个方面，不同阶层的人物都能在救荒活动中做出贡献。当然，荒政体系之所以能够产生效果，根本还在于中国地大物博、物产丰富，有着丰富的运输体系和商业网络，北方饥荒则从南方调运米谷，南方灾荒则从北方救济，取得一种动态的平衡，这与我们今天的"西气东输""南水北调"有异曲同工之妙。

技术创新则体现在更多的方面。有些技术看起来并不复杂，但却对应对灾荒颇有奇效。如我国农业有"杂五谷而种之"的传统，个别作物如稻、麦确实收效颇高，然而农业生产具有二重性：增产和稳产。在时运不济的年代，稳产往往是可以挽救"压死骆驼的最后一根稻草"。因此在稻、麦之外往往会种植杂粮，甚至一些救荒作物，分散了经营风险，传统农民追求秋粮的多样化，这就是农民的道义经济。联想到今天世界农业产业过于单一化，抗风险能力较差，一旦出现问题，冲击是剧烈的，爱尔兰大饥荒便是如此。

不同作物生态、生理适应性不用，在经纬地域分异和垂直地域分异下形成的环境特性是自然选择的结果。因此，农业生产特别强调因时因地制宜，如低洼地、盐碱地，高粱就具有了绝对优势，在干旱地、高寒地，自然也有小米、荞麦的一席之地。此外，在顺应自然规律的前提下，充分发挥主观能动性的土地改造甚至可以"变废为宝"，古人在与水争田、与山争地上很有一套，各式的土地利用形态层出不穷，而这些土地之前往往是没有利用的。为了防止海潮、洪水的侵袭，则有涂田、湖田、圩田（柜田）；为了利用水面，则有沙田、架田、葑田。耕地向高处发展，是最主要的改造耕地的方式，旱涝保收的梯田，实现对山地水土资源的高度利用。还有一些边际土地，产量过低，无法充分利用。古人采取低产田改造措施，加紧改良和利用南方冷浸田（石灰增温、深耕晒垡）、北方盐碱田（绿肥治碱、种树治碱等），甚至发明出"砂田"这种利用模式，堪称农田利用史的奇迹。这些都有助于粮食安全。

总之，中国是农业大国，无论过去、现在、未来皆是如此。历年中央"一号文件"均是以"三农"为主题便是深谙其中之道。进入21世纪，尽管我国粮食生产连年丰收，国家对于粮食安全不但没有放松，反而不断强化，我们认为是非常必要的。例如，2020年5月22日《政府工作报告》明确提出，着力抓好农业生产，稳定粮食播种面积和产量，提高复种指数，提高稻谷最低收购价，增加产粮大县奖励，大力防治重大病虫害；同年8月11日，习近平总书记对制止餐饮浪费行为作出重要指示。或开源，或节流，这些措施都有力地保证了国家粮食安全！

中国超稳定饮食结构

农业的产出即是食物，不同区域的农业发展情况造就了不同地区人们的饮食结构。正如西方谚语"you are what you eat"（人如其食），饮食足以左右一个国家、民族的性格。通过检视饮食结构在特定的历史和社会场景之下的多元功能和意义，可以了解整个社会的变迁。

种植制度与饮食文化归因

中国的情况较世界更为明显，概因中国的农业文明高度发达。中国农业一直以来居于世界领先地位，不仅在于农业技术的成熟完善，也在于"三农"理论为核心的中国传统农业可持续发展思想和实践以及与之相联系的生态文明的兴旺发达，所有这些，建构了我们胃的消化系统和我们舌尖感知的超稳定性。

因此，我们提出"中国超稳定饮食结构"的观点。"中国超稳定饮食结构"是基于中国农耕文化的特质，由于中国传统农业高度发达，传统作物更有助于农业生产（稳产、高产），更加契合农业体制，更容易被做成菜肴和被饮食体系接纳，更能引起文化上的共鸣。这其中因素，最为重要的就是种植制度与饮食文化的嵌入。

种植制度，即比较稳定的作物种植安排。至迟在魏晋时期的北方、南宋时期的南方，我国已经形成了一整套的、成熟的旱地耕作、水田耕作体系，技术形态基本定型，精耕细作水平已经达到了很高的程度，优势作物地位基本确立。《齐民要术》成为北方"耕—耙—耱"这一技术体系成熟的标志，但北方在汉代可能已经达到这一高度，因此史学家许倬云才说汉代早期中国农业经济已经形成；自六朝开始，南方华夏化进程加快，"南方大发现"（王利华语）最终在南宋完成，标志便是《陈旉农书》中的"耕—耙—耖—耘—耥"技术体系，这一时期梯田的大量出现同样论证了这一观点。至此，传统农业形成"高水平均衡陷阱"，但是这并不是简单的"技术闭锁"，"技术闭锁"往往指已有的次好技术先入为主而带来的"技术惯习"持续居于支配地位，但是本土作物形成的作物组合并不是次好技术而是优势技术。我国传统农业基本上形成精耕细作的成熟系统，北方就多是两年三熟麦豆秋杂或粮棉、粮草畜轮作，南方则多是水旱轮作，外来作物很难融入进来，特别是融入大田种植制度。

另一方面是饮食文化，即人们对外来作物的适应问题。就像今天依然很多北方人吃米、南方人吃面觉得吃不饱、吃不惯，中国区域间饮食文化千差万别，毋论国别饮食体系差异。外来作物中，最早融入种植制度的小麦，在中国的本土化经历了漫长的两千年历程，至迟在唐代中期的北方确立其主粮地位。虽然说汉代由于人口增长小麦得到了一定的推广，但是如果没有东汉以后的面粉发酵技术和面粉加工技术的发展，很难想象小麦能逐渐取代粟的地位。同理，小麦之所以能够在江南得到规模推广，重要原因之一也是永嘉南迁北人有吃面的需求，在南方水稻大区率先形成了"麦岛"，几次大的人口南迁均是如此，带动了小麦的生产、消费与面食多样化发展。外来作物传入初期，多是作为观赏、药用植物。人们少量食用多是猎奇心理，很少大量食用，即使大量食用也是不得已而为之，心理和身体都是很难接受的。

客观评价外来作物

由于中国农业的开放性与包容性，不同历史时期中国不断从域外引进各种农作物。已故美国环境史家阿尔弗雷德·克罗斯比（Alfred W. Crosby）在1972年提出"哥伦布大交换"（Columbian Exchange）这个经典概念之后，国内外相关研究恒河沙数，"哥伦布大交换"聚焦的是美洲作物，正如20世纪50年代何炳棣先生对美洲作物的肯定一样。事实上，除了明代以降引进的美洲作物外，先秦、汉晋、唐宋三个阶段都引进了大量对中国历史进程影响至深的外来作物，特别是粮食作物（小麦、高粱）、油料作物（芝麻）、纤维作物（亚洲棉）等。

美籍东方学家贝特霍尔德·劳费尔（Berthold Laufer）在《中国伊朗编》中曾高度称赞中国人向来乐于接受外来作物："采纳许多有用的外国植物以为己用，并把它们并入自己完整的农业系统中去。"可以说，这些作物的引进奠定了今天的农业地理格局，实现了中国从大河文明向大海文明的跨越发展，今天没有外来作物参与的日常生活是不可想象的。因此，中华农业文明能够长盛不衰，得益于两大法宝——精耕细作与多元交汇。但是目前的一种研究趋势是过分拔高外来作物的重要性（比如"美洲作物决定论"），而忽略了中国原生作物，忽略了建立在本土作物（或早已实现本土化的外来作物）基础上的精耕细作。

以今天的视角观之，即使是传入中国较晚的外来作物如花椰菜、苦苣、咖啡、草莓、西芹、西蓝花、西洋苹果等，也有一百年的历史了，属于布罗代尔历史时间的"中时段"，可以预见，外来作物的重要性还将不断提高。"美洲作物决定论"等观点认为，外来作物甫一传入或在很短的时间内就拥有了重要的地位，比如不仅认为美洲作物助力了清代的人口爆炸，导引了18世纪的粮食革命，甚至明代的灭亡也与它们没有及时推广有关，这是一种典型的谬误。

与今天的新事物不同，在前近代化中国，新事物的普及要经过相当漫长的时间，在某种意义上"技术传播"比"技术发明"更为重要。即使是中国自有物质文化，也是如此，诚如《滇海虞衡志》所说："然物有同进一时者，各囿于其方，此方兴而彼方竟不知种，苜蓿入中国垂二千年，北方多而南方未有种之。"外来作物的本土化，是指引进的作物适应中国的生存环境，并且融入中国的社会、经济、文化、科技体系之中，逐渐形成有别于原生地的、具中国特色的新品种的过程。我们把这一认识，归纳为风土适应、技术改造、文化接纳三个递进的层次，或者称之为推广本土化、技术本土化、文化本土化，这是一个相当复杂且漫长的本土化过程。

简言之，由于技术、口味、文化等因素，国人对于外来作物的接受和调试，是一个相当缓慢的过程。在这种稳定的饮食结构下，外来作物的优势最初都被忽视了，它们影响的发挥要经过几百上千年的缓冲，传入中国最晚的美洲作物，在近代乃至中华人民共和国成立之前，影响都是比较弱小的。

中华农业文明高度发达

古代世界文明的本质就是农业文明，文明根基建筑在农业经济之上，文明成果富集于农业生产之中。虽然在地理大发现和工业革命之前，世界不同国家和地区因地理、文化阻隔，交流与互动受到一定的限制，但并非彼此封闭、相互隔绝，农业便是其中最主要的形式。由于中华农业文明的高度发达，中国一直扮演集散地的角色，整合着全球农业资源。

中国原产的稻、大豆、茶、丝被称为"农业四大发明"，对人类社会的贡献不逊色于"四大发明"。2016年中国科学院出炉的88项"中国古代重要科技发明创造"，"水稻栽培""大豆栽培""茶树栽培""养蚕""缫丝"赫然在目，可见其地位之超然。当然我们并不是说其他农业发明难以与之相颉颃，这也是我们注重突破"成就描述"的研究范式，以研究技术的传播、演进以及与各种社会因素之间的互动关系为旨趣的一种努力。

传统中国拥有技术精湛的农业生产技术（农具），以及中国农业古籍（农书）、重农思想、可持续发展理念，经由丝绸之路的传播，对世界农业文明的发展产生了持续而深刻的影响。"农业四大发明"之外更侧重于无形的农业思想体系，在某种程度上较作为商品的实物，更能引发社会变革，缔造了世界农业文明的专业化和全球化，并通过影响西方产业革命的基础——农业革命，改变了世界进程。

诚如李比希指出："（中国农业）是以观察和经验为指导，长期保持着土壤肥力，借以适应人口的增长而不断提高其产量，创造了无与伦比的农业耕种方法。"美国农业部土壤局原局长、农业专家富兰克林·哈瑞姆·金（F. H. King）早在1909年来华访问时就盛赞："远东的农民从千百年的实践中早就领会了豆科植物对保持地力的至关重要，将大豆与其他作物大面积轮作来增肥土地。"诺贝尔奖获得者、美国小麦育种学家诺曼·布劳格（Norman Borlaug）认为中国长期推行的多熟种植和间作套种是世界惊人的变革。美国未来学家阿尔文·托夫勒（Alvin Toffler）提到未来农业设计居然与"桑基鱼塘"有惊人的相似，谁说这是一种偶然呢？

质言之，中国传统农业高度发达，直接导引了"中国超稳定饮食结构"，外来作物在中国发挥作用的时间要比其他国家和地区慢得多，"高水平"自然具有"高排他性"。对外来作物的影响要客观对待，有的外来作物仅仅是昙花一现的匆匆过客，当然更多的外来作物在后来大放异彩，却并非在传入之初便拥有强大的生命力，外来作物扎根落脚，也往往要经过多次引种，其间由于多种原因会造成栽培中断。中华人民共和国成立之后，外来作物取得的显著成就，其实与食品消费升级与种植结构的转变、现代农业与全球贸易下的食物供给息息相关。玉米在2010年以来就一直是国家第一大粮食作物，但却并不是第一大口粮，又如国家在2015年推出"马铃薯主粮化战略"，主粮化前景前路漫漫，这些内在逻辑依然是"中国超稳定饮食结构"。

本土作物篇

为何中国作物起源在近代频遭质疑？

时至今日，对中国水稻、茶叶起源的错误认识仍然广泛流传。一些人动辄援引百余年前的谬论，认为它们起源于印度、东南亚等地，或者采用较为"公允"的表述，认为应系"多元起源"，看似不偏不倚，其实是一种混淆视听的似是而非。

作物，即栽培植物，过去也常称为农艺植物。毫无疑问，中国是世界农业起源中心之一，目前世界栽培的主要作物有600余种，其中约300余种为中国原产。可以说，中国贡献了世界一半左右的作物资源。

作物起源研究的奠基人瑞士植物学家阿方斯·德勘多（Alphonse L.P.P. de Candolle, 1806—1893）在其名著《农艺植物考源》（1882）中提及的247种作物，其中有相当比例被认为起源于中国。苏联遗传学家瓦维洛夫（Vavilov, 1887—1943）在1935年分析600多个物种，发表了《主要栽培作物的世界起源中心》，将世界起源中心分为八大中心，中国作为其中之一，拥有136种作物的独立起源（事实上远不止此数）。此后中国一直就是世界公认的作物起源中心，无论是茹科夫斯基（Zhukovsky）的栽培植物基因大中心理论（1975）、哈兰（Harlan）的作物起源理论（1992），还是赫克斯（Hawkes）的作物起源理论（1983），无论是西蒙兹（N.W.Simmonds）的《作物进化》（1987），还是星川清亲《栽培植物的起源与传播》（1981），都毫无疑问地肯定了这一点。虽然中国一直是世界公认的作物起源中心，但是从19世纪开始，某些别有用心者所炮制的一些"中国传统作物为外部输入"的说法，直到今天仍然在肆意流传，对此我们必须予以澄清。

捕风捉影制造"争议"

当前，国际学术界关于作物起源问题以科学判断为主。然而在19世纪到20世纪上半叶，由于种种原因，关于中国传统作物起源地的争论持续了百余年，其中水稻、茶叶起源地的"争议"在国际上影响较为广泛。

水稻作为重要粮食作物，为世界众多人口提供了粮食保障。中国有着悠久的稻作史，中国南方一直被视为世界稻作农业起源地之一。1882年，瑞士植物学家阿方斯·德堪多根据中国古典文献记载认同中国栽培稻历史悠久，同时他又以印度发现大量野生稻为依据认为水稻起源于印度。德堪多关于作物起源判断的主要依据是野生近缘种与自然志、语言学的证据，这会带来很多想当然的错误。譬如，野生种很可能是从栽培种散逸出去的类型，野生种与起源地之间也没有必然的联系。20世纪初，苏联植物学家、遗传学家瓦维洛夫在对世界栽培作物进行考察的基础上，收集了大量水稻野生种标本，对它们进行表型多样性研究，并提出"栽培作物的起源地应该在现存的栽培品种和近缘野生种基因多样性最高的区域"理论。依据这一理论，结合在印度一带的发现，他认为印度水稻变种是世界上最丰富的，同时具有独特的籽粒粗糙的原始类型，提出水稻的起源地应该在印度。就此，在两者的影响下，水稻"印度起源"说在19世纪到20世纪上半叶一直主导国际学术界的主流认识。1928年，日本农学家加藤茂苞通过杂交结实率和血清反应试验，发现水稻存在两个亚种——籼稻和粳稻，并分别命名为"印度型"和"日本型"，这一命名影响较大，造成中国水稻是由印度或日本传入的假象。虽然近年中国的考古发现、DNA及文化证据已证实中国南方的长江流域是稻作农业的起源地，但加藤对水稻两个亚种的命名至今仍在国际社会通用。

历来认为，中国是最早的植茶、业茶之国家，但这种说法在19世纪也遭到了挑战。1610年，茶叶被荷兰人带回欧洲，到18世纪中期，饮茶之风在英国盛行，茶成为"全英国最流行的饮料，其销售情况超过了啤酒"。在19世纪30年代以前，在英国销售的茶叶主要由东印度公司从中国市场获取。1833年，东印度公司的对华贸易垄断权被取消，为继续获取茶叶贸易利益，在气候与中国南方相近的英属印度殖民地发展茶叶种植业，成为他们扭转中国对其茶叶贸易优势的选择。英国人罗伯特·布鲁斯（Robert Bruce）曾于1823年在当时缅甸阿萨姆地区（1826年以后成为英属殖民地阿萨姆省，今印度阿萨姆邦一带）发现野生茶树，1838年他列举了在英属印度阿萨姆省发现的野生茶树108处，并开始宣称印度才是"茶树的原产地"。1877年，英国人贝尔登（S.Baidond）在其著作《阿萨姆之茶叶》中也提出了茶树原产于印度的观点，并认为"中国约在1200年前从印度输入茶树"。茶树由印度原产的观点得到了部分英国人的赞同，《日本大辞典》（1911年版）也随声附和。20世纪初，茶叶起源于印度的说法已经非常盛行。面对别有用心之人企图篡改茶叶起源地的恶劣行径，我国农学家吴觉农痛心疾呼："一个衰败了的国家，什么都会被人掠夺！而掠夺之甚，无过于生乎吾国长乎吾地的植物也会被无端地改变国籍。"

作物起源不能凭空捏造

为何中国的作物起源在近代频遭质疑？我们认为，既有当时科学发展不成熟的客观因素，更存在人为误导的主观因素。

其一，中国近代科学起步较晚，考古学、生物学、遗传学等在1949年以后才得到较大发展，因此近代中国在国际农业起源研究中未掌握话语权。如20世纪40年代，我国著名水稻专家丁颖提出水稻起源的新观点，他主张水稻之粳、籼皆起源于中国，是在不同自然条件下分化出来的两种"气候生态型"，推测水稻在中国华南地区开始驯化栽培后，先演化为籼稻，在北上的过程中再演化为粳稻。"水稻起源于中国"的观点在当时国际社会上并未产生广泛影响。又如1922年，吴觉农曾著文系统反驳对茶树原产地的偏见，并根据大量史实，证明茶树原产于中国，但国际社会仍长期存有"印度是世界茶树原产地"的错误印象。

其二，水稻和茶叶成为"争议"的焦点，是因为两者不仅从物质、经济上满足了众多人口的需求，国际影响较大，更有深厚的文化影响。某些不以科学研究为宗旨的"学者"及其背后势力对代表中国文化的水稻、茶叶的质疑或否认，可以在一定程度上达到削弱中国文化影响力、打击中国对外贸易等不可宣之于世的目的。一般认为日本水稻引自中国，今天来看这种观点更加确凿，浙江上山遗址作为"世界稻源"，距离日本较近，中国"百越文化"影响了日本"弥生文化"，水稻是有可能从江南传入日本的。而水稻在日本具有超越一切作物的崇高意义，稻作文化较中国有过之而无不及，甚至成为了概念化、隐喻化"我者"与"他者"的象征物，这就是日本作为"自我"的稻米。如果否定水稻起源于中国，便可在一定程度上否认日本文化源自中国，达到更好地"脱亚入欧"的目的。

水稻起源问题较为复杂，但加藤对水稻两个亚种命名的居心可以说昭然若揭。根据《中华农学会报》1922年的报道，加藤于当年来华，并在上海、杭州、苏州、南京、芜湖、九江、南昌、长沙、常德、洞庭、汉口、四川、北京等处"调查""参观"并"搜集各种稻种"。他在中华农学会的演讲中提到调查中国稻作之目的，包括"采集中国普通品种以供研究""采

稻米之路的形成影响了大半个地球的历史文化格局。

集中国特别佳种至日本栽培""考察中国品种与日本品种之系统关系"，并明确说明"暹罗印度品种，与日本品种之系统关系，过于疏远""余深信中国品种与日本品种，系统甚为相近""中国稻则由南洋印度等处输入，又由中国而输入日本是也"。我们今日暂不计较当时加藤来中国广搜稻种之用心，但按其1922年在中国的演说，他一方面承认日本稻是由中国输入，却于1928年（其时加藤正在朝鲜从事殖民活动）命名水稻亚种时刻意忽略中国，直接命名为"印度型"和"日本型"，可谓包藏祸心，绝不是他口中的"研究学问，固不必分国界也"。对此，不仅中国学者表示不赞同，连日本学者佐藤洋一郎也对加藤的命名方法提出质疑，"在被称为'日本型'的品种群中却包括了中国被称为'粳稻'的品种，中国的稻作历史比日本悠久""加藤博士将另一品种群称为'印度型'的理由非常奇妙，他认为中国品种的一部分已属于'日本型'，剩余的则应属于中国另一边的地区，从较早的历史来讲，'唐的另一边是天竺'，也就是印度"。将本国国名强加于他国物种之上的做法在任何时候都是不可取的，势必造成命名混乱。

茶叶与水稻一样，在世界范围内有较大影响。鸦片战争以前，在英国、印度、中国的三角贸易中，中国的茶叶贸易居于中心地位，甚至可以左右当时的国际经济形势，在国际政治格局的变动中也起到了一定作用，中国茶文化对世界的影响深远。在这种情况下，关于茶叶原产地的问题原本并无争议，对茶叶原产地的判断也不如水稻复杂，如此混淆视听，确系英国故意为之。印度当时是英国的殖民地，宣扬茶树"印度起源"说，既有经济考虑，又有政治目的。如果将印度认定为茶之起源，等于印度的茶叶起源最久、品质最高，便会抬高印度茶叶在国际市场上的价值，占领茶叶市场。19—20世纪，英国不断涌现出植物猎人、茶叶大盗，最为著名的就是福琼，他们从中国窃取了无数珍贵茶叶种资源，印度、斯里兰卡茶园迅速大量涌现，茶叶甚至成为印度最重要的商品，而中国国际茶叶贸易量急剧减少。因此，英国人对于茶叶起源于印度的言论叫嚣最甚，如此可以将他们的偷窃行为合法化与去污名化，毕竟他们认为那不过是"物归原主"罢了。

时至今日，对中国水稻、茶叶起源的错误认识仍然广泛流传。水稻与茶叶的起源地研究始终要坚持科学溯源，重视考古出土的实物证据。无论如何，都不能否认中国对水稻、茶叶栽培、驯化、改良的历史贡献，不能无视中国对水稻和茶叶的利用在世界范围内产生的积极影响，也不能忽视中国在世界农作物传播中发挥的重要作用。一些人动辄援引百余年前的谬论，认为它们起源于印度、东南亚等地，或者采用较为"公允"的表述，认为应系"多元起源"，看似不偏不倚，其实是一种混淆视听的似是而非。近年，又出现了新的观点，即认为中国一些本土的小众作物，如茄子、蕹菜等均为外来传入，这些谬论也需要我们通过科学研究一一反驳。近代以来，中国作物起源问题被不断拿来"做文章"，理应引起警惕。目前关于农作物起源的相关问题，并未得到较多重视，既有错误陈陈相因带来的思维定式，也与相关研究尚未完善密切相关。

稻，不止米饭那么简单

稻是世界第一大粮食作物。中国是亚洲稻的原产地和世界稻作起源中心之一（西非有栽培产量不高的非洲稻，为另一稻作起源地），史前栽培稻遗存的出土地点已达一百六七十处，时间在10000年以上的就有数处。以中国为中心，进一步向四维辐射，传播的不仅是有形的稻（包括稻作技术），还有无形的稻作精神文化。

稻在全球的传播时间及传播轨迹

前25世纪，稻自原产地中国传至南亚次大陆的今印度以及印度尼西亚、泰国、菲律宾等东南亚地区；

前23世纪，稻进入朝鲜半岛；

前15—前9世纪，稻传播至大洋洲波利尼西亚岛屿；

前5—前3世纪，稻传入近东，再经过巴尔干半岛传入了罗马帝国；

前4世纪，稻传入日本；

前3世纪，亚历山大大帝将稻带入埃及；

7世纪时，稻越过太平洋往东至复活节岛；

15世纪末，以哥伦布第二次航海为契机，稻得以在美洲的西印度群岛推广；

16世纪后，稻传到北美并向西扩展；

1580年，在拉丁美洲的哥伦比亚开始出现稻作栽培；

1761年，稻出现在巴西地区；

19世纪，稻传入美国加利福尼亚州；

1950年，澳大利亚引种稻成功。

稻与稻作是两回事儿

一般来说，伴随稻的传入，栽培技术也随之而来，是为稻作的发端。

然而例外并不罕见。欧洲早在史前时期就开始进口大米，特别是在古罗马帝国和古希腊，但欧洲于中世纪后期才开始栽培水稻。稻的栽培技术首先传入西班牙，但一直不温不火，直到15世纪，意大利才开始种植稻并逐步扩大稻的种植面积。15世纪时，葡萄牙从西非掌握稻的种植技术，并开始在本国种植稻。从稻作角度来说，法国栽培稻要晚于伊比利亚半岛。

可以说，欧洲人从很早就了解稻米到开始种植，再到逐步扩大种植面积，经历了漫长的过程。在这期间，又发生了意外"事故"。16—17世纪，瘟疫流行，除了少数水田之外，稻作在欧洲几乎绝迹。

非洲亦是如此，在不少地区，稻传入之初仅作为商品存在，并未融入当地的种植制度。等到阿拉伯人将稻的栽培技术传入埃及时，已经是639年的事情了，此时距有关亚洲稻在埃及的最早记载正好相隔1000年。在亚洲朝鲜半岛地区，距今最早的水稻遗存出现在4300年前，但是稻的栽培技术在全岛普及则是在距今2100~2300年的"青铜时代"。

栽稻有先后

即使是在同一个国家，稻的栽培技术的普及时间也各不相同。

早在前4世纪秦朝统一之前，稻的栽培技术便由逃避战乱的吴越人渡海带到了日本九州一带，这是日本有栽培稻的开端。随之诞生的稻作文化被称为"弥生文化"，并直接导致渔猎文化形态"绳文文化"生存空间的压缩。在此之后，稻的栽培技术在日本多地"开花"：1世纪时，传入京都地区；3世纪时，传到关东地区；12世纪时，本州北部才开始种植稻；更晚的是北海道地区，直到明治时期，稻才得以在此地种植。

由于稻可能经过多次引种才能最终在当地扎根，且同一国家的不同地区也可能分别引种，最终的结果是稻在全区域的普及包含了不同的品种。另外，有很多国家之间的稻作流动是双向的。例如，中国和东南亚均是稻的最早驯化中心，在不断交流过程中，著名的水稻品种占城稻（越南）在1011年经由福建引种到我国江南一带。再如朝鲜半岛的稻作本从中国传入，但到宋代时中国又从朝鲜地区引种了黄粒稻……这样复杂的传播路线构成了稻品种的多样性，也共同构成了传统种质资源的宝库。

日本作为"自我"的稻米

著名历史学家费尔南·布罗代尔认为，进行稻作是"获得文明证书的一个方式"。

1700年，日本人口已达3000万，众多的人口全靠水稻养活。稻对世界的影响，远不止作为一种提高产量的作物那么简单。与中国同为东亚文化圈的日本，可能是受中国稻作文化影响最深的国家，日本人对水稻的热爱较中国有过之而无不及。

凭借对水稻坚定不移的信念，日本人创造了丰富的神话传说和多样的习俗，塑造了以稻米为主的日本人的性格和精神。以"饭稻羹鱼"为核心的膳食结构，在一定意义上继承了古代中国江南一带的文化内核。稻米这样一种主食业已成为日本人集体自我的象征，稻米的重要性在日本主要的节日和仪式中被充分展示，隐喻概念化了自我和他人的关系。

为何疯狂"追逐"稻

虽然稻由哥伦布及其后的商队传入美洲，但种子和栽培技术的传播以及稻在美洲的广泛种植，则是来自西非"大米海岸"的黑奴的贡献，即黑奴的种植经验和消费量。

稻在美国的传播，促进了北美灌溉事业的发展，尤其是对低洼湿地的开发，进一步加强了堤坝等水利设施的建设；此外，还促进了脱粒、扬筛等农具的发明和完善。19世纪20年代，稻在美国的生产、加工、销售已经直接实现了一体化，形成专业化主产区。

稻的传播使世界其他非原产地区成了早期全球化的受益者，域外人民从舌尖到口腹都得到了必要补充。水稻肯定高于小麦的单产（拉瓦锡时代单产与麦相比是4：1），必然会对传统食麦区（典型的就是欧洲）造成冲击。虽然稻没有快速融入当地的种植制度，但也"左右着农民和人的日常生活"（布罗代尔语）。即使西方人并不以稻米为主食（当时只有穷人才吃稻米），但因为稻是一种高利润的经济作物，在出口创汇中的利润不容小觑，西方人也纷纷争先恐后地"追逐"水稻。1740年后，稻成为继烟草、小麦之后，英属北美殖民地的第三大农作物。

稻作（精神）文化在稻对世界的影响中尤其引人注目，铜鼓文化即是一例，铜鼓主要用于祈求稻的丰收，中国西南地区作为铜鼓文化的发源地可以追溯到春秋时期，从西南地区到东南亚铜鼓发掘的时空序列，可见铜鼓自北向南的传播路径，稻作文化的遗迹等于铜鼓的遗迹。有关谷神崇拜也是东南亚神话中门类最全、数量最多的神话系统。

种稻还有一些其他意想不到的收获，东南亚稻田普遍与否决定着疟疾是否横行，因为稻田水为浊水，可以限制带有疟原虫的蚊子的繁殖，一定程度上导致了吴哥窟等大都会的繁荣。在18世纪，欧洲的一些地方曾用稻米酿制一种很烈的烧酒，让我们不禁想到了中国的酒文化。究竟是亚洲人饮食习惯成就了稻，还是稻塑造了亚洲人的饮食习惯，这是一个复杂的问题。

今天，稻更是成为全球史的重要话题，诠释着作物在全球史的话语权。稻在全球化的初期更多地通过奴隶、劳工和移民，逐渐成为重要口粮，其历史发展过程与殖民主义的出现、工业资本主义的全球网络和现代世界经济紧密地纠缠在一起，加强了区域间的联系。但是，稻的生产很大程度上受到自然环境因素的制约，因此，稻贸易的全球化，不可能导致稻生产的全球化，而只会导致稻生产的单一化、专业化或集约化。

中国园艺植物传播对世界的影响

  中国作为最重要的世界物种起源中心，原产作物种类繁多，无论果树苗木、观赏植物、蔬菜作物，我们可以将之统称为园艺植物（果树园艺、蔬菜园艺和观赏园艺）。历时性地看，虽然园艺植物的重要性无法与粮食作物相颉颃，但是其整体之影响力，可以说有过之而无不及。一方面，果树、蔬菜、花卉每一大类外传的重要品种都有数十种，品种之多、辐射范围之广让人叹为观止，统合起来的价值，形成合力，并不弱于粮食作物；另一方面，近代全球化进程之前，温饱问题、生存需求是世界人民的头等大事，当基本生理需要得到满足之后，人们必然会追求更高品质的生活和精神享受，以此观之，在今天园艺植物的重要性甚至还高于粮食作物。历史学家黄宗智指出，中国现今食物消耗模式正由以往的8∶1∶1（八成粮，一成肉禽鱼，一成蔬果）转变为5∶2∶3，未来有可能演变为4∶3∶3。"园林之母"中国"制造"的园艺作物构建了五彩缤纷的世界农业文明。

  以蔬菜为例，即使是在传统社会，蔬菜的作用也从来没有被小觑，自古以来中国民间一直流传着"糠菜半年粮""瓜菜半年粮""园菜果瓜助米粮"等说法。美国学者珀金斯（Dwight H. Perkins）指出："过去和现在都大量消费的唯一的其他食物是蔬菜，在1955年中国城市居民平均每人吃了230斤蔬菜，差不多占所吃粮食的一半。"人民生活水平越高，食用蔬菜的比例越高，今天蔬菜更是对粮食取得了绝对优势。学者曾雄生曾从中国人食物结构的演变，探讨蔬菜在中国人生活中的地位，发现中国人蔬菜的消费量并不像谷物类主食一样，随着动物性食品的增加而减少，却会因主食和肉食的不足而增加；蔬菜还直接影响了中国人的宗教信仰和道德修养。其在中国民众生活中的重要性于此可见一斑。蔬菜我们已有叙述，我们拣选一些典型的其他园艺作物展开讨论。

柑橘

柑橘在中国原产果树（常绿果树、落叶果树）中影响最大。柑橘产区遍布全球，产量为世界水果之最（占全球水果产量的五分之一）。目前巴西后来居上，已然是世界第一大柑橘生产国，中国仅居第二。中国科学院评出的88项"中国古代重要科技发明创造"中，"柑橘栽培"是园艺作物中的唯一。

自古以来，中国柑橘的主产区是长江及其以南地区，北方人所食柑橘主要来自南方的进贡和贩运。早在《禹贡》中就提到长江中下游的先民将柑橘作为贡品，扬州"厥

不能"逾淮"却漂洋过海的世界级水果。

包橘柚锡贡"，荆州、扬州是柑橘重要产区。中国人工栽培柑橘不会晚于东周时期，先民较早地认识到了"橘逾淮而北则为枳"，藉此来讨论生物（包括人）与环境的关系，以及物种对于环境的适应性（风土论）。

太湖流域历史时期便一直是柑橘著名产区，《山海经》说"洞庭之山，其木多橘櫾"，及至宋代，由于气候转寒，温州柑橘异军突起，"京师贾人预畜四方珍果。至灯夕街鬻。以永嘉柑实为上味。橄榄、绿橘皆席上不可阙也"（《岁时广记》），温州地区与太湖、洞庭流域成为并列的两大柑橘生产基地。

中国柑橘的外传首先传入日本，有两种说法：一说是唐时，日本和尚田道间守来中国浙江台州的天台山进香，带回种子，在九州鹿儿岛、长岛栽培；一说是明永乐年间，日本和尚智惠到浙江天台山国清寺进香以后，将温州所产柑橘引种到鹿儿岛，经嫁接改良之后，培育出无核新品种"温州蜜柑"，在日本国内广为种植，并且远销国外。

新航路开辟以后，葡萄牙人从广州将甜橙带回里斯本栽培，因此欧洲人曾把甜橙叫作"葡萄牙橙"。1654年，柑橘被引进到南非。发现新大陆不久后，柑橘又迅速传入美洲的一些岛屿，大约在17世纪20年代前后，又已经被引入美洲大陆，巴西培育出著名的品种脐橙，华盛顿脐橙是1870年前巴西的有核"塞来他"甜橙的枝变。1873年脐橙被引进美国加利福尼亚，1878年首次结果，极大地促进了该州的柑橘栽培。甜橙等柑橘类果树又于18世纪下半叶从巴西引进到澳大利亚，1858年作为商业果品上市。1821年，英国人来中国采集标本，把金柑带到了欧洲。1892年，美国从中国引进椪柑，取名"中国蜜橘"。以后中国柑橘的种质资源，又对欧美培育改良柑橘品种起了重要的作用。

与柑橘一同传入世界各地的还有中国人所撰写的柑橘著作，这其中最重要的当属南宋韩彦直（南宋名将韩世忠之子）在温州为官任上所著的《橘录》（1178）。《橘录》在国际上有较大影响，得到了乔治·萨顿、李约瑟等人的盛赞。从《橘录》记载的27个品种到世界各国自然选择与人工选择选育出的上千个品种，柑橘的影响力可见一斑。

在近代，从中国引种柑橘的记录也屡见不鲜。美国农业部域外植物引种局的柑橘育种专家施永高（Swingle）曾于1915—1926年间，在中国和日本等地的柑橘产区进行考察，与岭南大学的高鲁甫（Groff）合作研究华南的柑橘，同时雇用中国学者郭华秀做助手，帮他进行相关的野生柑橘分布调查，在中国收集耐寒抗病的柑橘品种及其他植物。柑橘生产在美洲发展迅速。

华盛顿脐橙先后于1919年、1921年和1931年从日本引种到浙江的平阳、黄岩和象山；1928年从美国引进到广州；1933年又从日本引进到重庆和湖南邵阳；1938年，又从美国引种到四川成都，后在四川金堂繁殖。这就是我们常说的"品种回流"——同样的作物不同的品种亦可再传中国，即使仅存中国中心，他国驯化新品种亦能"回流"入华，品种交换是一个极其复杂的问题，我们不能故步自封。

荔枝

荔枝是典型的异花授粉果树，用种子繁殖很容易产生变异。自

中国是荔枝的原产地，也是世界上荔枝栽培最早的国家。在长期的生产实践中，人们培育出大批荔枝良种，积累了丰富栽培经验，目前中国仍是世界上第一位荔枝生产国。世界其他国家所栽培品种大都是直接或间接从中国引进的。荔枝已经由过去时代的珍稀物品发展成为一种产量极大的百姓消费得起的普通果品，其文化内涵也在继续延伸。

野生状态转为人工栽培后，由于条件的改变和人为的干预，产生的变异就更加明显。中国古代历来十分重视荔枝果实形状和品质的变异。到宋代，荔枝品种由于栽培的兴盛而大大增多。但直到南宋后，无性繁殖的发明和推广，才有真正的荔枝品种。这些主要体现在历代荔枝谱中，荔枝谱的数量在各类园艺作物专书中首屈一指，彭世奖的《历代荔枝谱校注》就收录了荔枝谱16部。其中宋人蔡襄的《荔枝谱》是中国现存最早的荔枝专著，也是现存最早的果树栽培学专著，《橘录》较《荔枝谱》的成书时间要晚一百多年。

荔枝是热带果树，一直以来主产区都在岭南，其喜热喜酸的特性导致无法在北方种植，历史上的几次引种活动均告失败。由于移植失败，所以历史上的中国北方人想吃到岭南的荔枝，只能通过长距离的运输，但荔枝有离枝之后难以保鲜、不耐贮藏的特点，自古以来就有"一日色变，二日香变，三日味变，四五日外，香、色、味皆去矣"之说，这又使得中国北方人能吃到鲜荔枝的少之又少。因此，要让更多的人品尝到荔枝，只能从荔枝保鲜、加工和贮藏上下功夫，于是催生了各种保鲜和加工方法，如制作简易"冰箱"或制成荔枝干等方式。唐代水陆联运"快递业"发达，杨贵妃是可以吃到新鲜荔枝的，不仅可以享用涪州荔枝，也能享用广州荔枝，亦可能是宜宾、泸州、忠州、福建、荆州等地进贡之荔枝，留下"一骑红尘妃子笑，无人知是荔枝来"的典故，甚至后来佛山有一种荔枝品种就被命名为"妃子笑"。

荔枝在广东省内品种最丰富、栽培面积最广，遍及全省80多个县市，作为岭南名果，品质优良、风味十足，著名的品种有挂绿、新兴香荔、桂味、仙进奉、水晶球、糯米糍等。历代荔枝谱以广东荔枝品种为最，甚至广东本地亦有吴应逵《岭南荔枝谱》，洋洋大观。广东荔枝自古以来便多为文人骚客所称赞，苏轼当年于广东惠州任上时就曾写下"日啖荔枝三百颗，不辞长做岭南人"，至今仍为一段佳话。

古代荔枝各种保鲜方法多不实用，不具备普及价值。在保鲜困难的情况下，人们尝试通过加工来保持荔枝的食用品质。蔡襄在《荔枝谱》中记载了三种加工方法：红盐法、白晒法和蜜煎法，通过盐渍、暴晒、蜜煎等方法制作干荔枝来延长荔枝的贮藏时间，并使荔枝行销海内外。据蔡襄《荔枝谱》记载，宋代福州产荔枝已远销京师，外至北戎、西夏，且东南舟行新罗、日本、琉球、大食等地，这些外销的荔枝主要是通过加工成干荔枝来实现的，加工干荔枝的方法也是迄今为止最有效的荔枝贮藏办法。

拜中国人发明的加工贮藏技术之赐，西方人可能最先品尝到了荔枝干，但直到16世纪才看到真正的荔枝树。克路士（Gor netar da cruz）在《南明行纪》中说："有一种许多果园都产的水果，结在树枝粗大的大树上；这种水果大如圆李，稍大些，去皮后就是特殊的和稀罕的水果。没有人能吃个够，因为它使人老想再吃，尽管人们吃得不能再多了，它仍然不造成伤害。这种水果有另一种小些的，但越大越佳。它叫作荔枝（Lechias）。"

国外对中国荔枝引种的最初尝试，始于1775年，克拉克（T. Clarke）将中国荔枝引种到了英属殖民地牙买加的植物园。1767年，借由普瓦夫尔（P.Poiver）之手，荔枝被引种到了法属殖民地毛里求斯和荷属殖民地圭亚那。1813年，英国著名植物园邱园中新增了许多中国栽培植物，其中就有荔枝。1869年，荔枝传入到马达加斯加地区，随后进入南非，得到迅速发展，现在南非是仅次于中国的荔枝主产国。美国的荔枝引种文献记载较为丰富（见下表），这些记录不禁让我们感叹"植物猎人"的疯狂，也提醒我们要注重保护种质资源。

美国自中国取种荔枝情况统计（1902—1921）

荔枝品种	引种者	引种年份	引种编号	取种地及相关信息
陈家紫	蒲鲁士	1903	10670—10673	福建莆田
		1906	21204	福建莆田
		1907	1083*	植物引种处
黑叶	莱思罗普和费尔柴尔德	1902	9802	广东广州
	关约翰	1905	16239	广东广州
		1908	23365	广东广州
	高鲁甫	1915	40915	广东广州
		1917	3878*	广东广州
		1920	51466	广东广州
	李温	1917	45596	广东广州
香荔	吴华	1917	45146	广东广州
		1917	3390*	广东新兴
桂味	关约翰	1905	16241	广东广州
		1908	23364	广东广州
	李温	1917	45597	广东广州
		1920	51470	广东广州
	高鲁甫	1908	1265*	广东广州
		1917	3880*	广东广州
糯米糍	莱思罗普和费尔柴尔德	1902	9803	广东广州
	关约翰	1905	16240	广东广州
		1908	23366	广东广州
	高鲁甫	1908	1267*	广东广州

糯米团	高鲁甫	1918	46570	广东广州
		1920	51468	广东广州
三月红	高鲁甫	1920	51464	广东广州
山枝	高鲁甫	1918	46568	广东清远
		1920	51472	广东广州
尚书怀	高鲁甫	1920	51469	广东广州
田岩	高鲁甫	1920	51471	广东广州

资料来源：赵飞，《西方国家对中国荔枝的关注与引种（1570—1921）》，《中国农史》2019 年第 2 期。

★ 为夏威夷农事试验场引种编号。

　　荔枝销路之大、产值之高，使其在民国时期也是重要出口产品。就广东最知名的荔枝产地——增城而论，据1933年《增城农业调查报告》记载："查全县出产荔枝，其品质佳者，只在本县销售，其出口者惟怀枝及少数之黑叶耳，并多干制发卖，计年产总额约三百万斤至四百万斤云。"何立才《荔枝栽培学》记载："1919年以前，荔干输出……粤省亦不过十余万元，1920年以后，则逐渐增加，至1937 年……粤省则三百一十余万元。"

荔枝干是民国时期广东的重要出口创汇产品。

桃与杏

《黄帝内经·素问》有"五谷为养，五果为助，五畜为益，五菜为充"之语。"五谷、五菜"本书已有叙述，"五畜"亦为共识，"五果"则是指桃、梨、杏、李、枣。其中以桃与杏对世界影响最大。

长期以来，西方一流学术权威一直认为桃树起源于波斯，只有瑞典植物学家德康多尔（Alphonse L.P.P. de Candolle）认为"中国之有桃树，其时代数希腊、罗马及梵语民族之有桃犹早千年以上"。达尔文经过一番认真细致的研究，认为中国桃树有很多变种，有可能找到野生种，桃树的原产地应当是在中国。事实也证实了达尔文的论断是正确的，桃树在我国的栽培至少有三千多年的历史，《诗经》中已经有"桃之夭夭，灼灼其华"的记载。

西方之所以有这样的误判，其实是陈陈相因了罗马人的说法，罗马人把什么水果都称为malum（苹果），因古罗马见到的第一批桃子（1世纪）是来自波斯，老普林尼（Gaius Plinius Secundus）在《自然史》一书中就把桃子称为Persicum malum（波斯苹果）。

前2世纪以后，桃树沿着"丝绸之路"，从甘肃、新疆经由中亚向西传播到波斯，再由波斯中转到希腊、罗马和地中海沿岸各国，而后渐次传入法国、德国、西班牙和葡萄牙等地。可惜中华五果之首，在欧洲并没有广大市场。9世纪欧洲桃树种植才兴盛起来。

印度的桃树也是从中国引进的，630年，唐玄奘著《大唐西域记》曾记述500年前关于桃树引入印度的传说：

> 昔迦腻色迦王之御宇也，声振邻国，威被殊俗。河西蕃

维，升威送质。迦腻色迦王，既得质子，赏遇隆厚。三时易馆，四兵警卫。此国则质子冬所居也，故曰至那仆底。唐言汉封。质子所居，因为国号。此境已往，洎诸印度，土无梨桃，质子所植，因谓桃曰至那你，唐言汉持来。梨曰至那罗阇弗峨逻。唐言汉王子。故此国人深敬东士，更相指告语是我先王本国人也。

劳费尔认为1世纪前后由质子引入梨、桃的记述是可信的。这个故事至今还在印度民间广为流传。

发现美洲大陆之后不久，桃树即传入美洲，唯因品种适应性不好，直到19世纪初期，从欧洲引进了一个叫"爱尔贝它"的离核桃品种，桃树才在南北美洲传播开来。20世纪初期，美国植物大盗又从我国引进数百个优良桃树品种，通过杂交和嫁接，选育了桃树新品种，当今美国已经是世界最大的桃生产国之一。

日本与中国一衣带水，但种植桃树的历史却更短。1876年，日本冈山县园艺场从中国引进水蜜桃树苗。1878年，内御津郡（今冈山市）农民山内善男培育出新品种，被誉为"岗山白"，后日本又

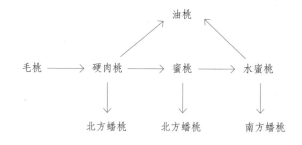

桃子进化图

逐渐发展出更多优良品种桃。

《夏小正》记载"四月，囿有见杏"，杏为中国原产，"牧童遥指杏花村""一枝红杏出墙来"千万年来被人吟唱。

杏与桃的传播史大同小异，也是在西汉首先传入波斯。据说罗马共和国末期名将卢基乌斯·李锡尼·卢库鲁斯（Lucius Licinius Lucullus）前1世纪从亚美尼亚引进杏树到罗马种植，老普林尼把杏称为亚美尼亚树（Praecocium）。罗马人加里安（131—201）的著作《关于减肥的养生之道》中，指出罗马人常吃的一种苹果是亚美尼亚苹果，也就是中国的杏。

英王亨利八世时代，由天主教的神父于1524年自意大利引入杏。其时在英语中尚无杏的名称，因此在引入的初期，人们称杏为Praecox（早熟果实），其后转化为apraecox，更简化为apricox，再为apricock，最后才变为apricot，成为杏的英语名称。

美国在18世纪自欧洲输入杏，该国至1720年有关果树栽培的书中尚无杏的记录，其后由西班牙传入加利福尼亚州。加利福尼亚州的生态条件适宜杏树生长，因此，加利福尼亚州成为美国生产杏最多的一个州。由于对杏仁的巨大需求，美国人在中国杏母本的基础上进行嫁接改良，终于获得新品种大杏仁的"加利福尼亚杏"。18世纪末和19世纪初期，美国仅加利福尼亚州就有杏树300余万棵，远销世界各地，几乎垄断了杏的商业性生产。

人参

人参的最早记载见于两汉期间，当时主要是把人参当成神草，大概是因为它像人形而引起的神秘联想。大约在东汉到三国之间，中国第一部药物学著作《神农本草经》首次将人参当成药物收入，称其为"主养命以应天，无毒，多服久服不伤人，欲轻身益气不老延年"的上品。

明代以前山西上党人参最受推崇，潞安府紫团山有"山顶常有紫气，团围如盖，旧产人参名紫团参"一说，但由于过度采挖，几乎绝迹。唐宋以后，人参成为东北少数民族向封建帝王进贡的珍品，确实如《名医别录》记载"人参生上党山谷及辽东"，人参产地除了山西便是东北。明代以降辽参崛起，东北地广人稀，环境条件较好，保存了大量品好人参。《本草纲目》提及"上党，今潞州也。民以人参为地方害，不复采取。今所用者皆是辽参，其高丽、百济、新罗三国，今皆属于朝鲜矣，其参犹来中国互市"，记载了从党参到辽参的转变，标志着上党人参时代的结束。建州女真从人参贸易中收获丰厚，完成了资本积累，得以建立强大的军事武装。

入清之后，由于东北"龙兴之地"的龙脉因素，东北人参从此走上神坛，风靡有清一代。其实人参并不是万能的灵药，清代温热学家们也反复强调不能过分迷恋人参，除了巨大的经济损失之外，不对症下药，不单

由于美国（花旗国）所产西洋参在贸易量上远远超过他国，西洋参由此获得了新的别称"花旗参"。

无利反而有害。

1701年，法国传教士杜赫德（Jean-Baptiste Du Halde）来华。他根据中国许多药学书籍对人参功效的记载和自己的亲身体验，发觉人参确实是一种可以有效提高身体机能的药物。1708年，杜赫德受皇帝之命绘制中国地图，去东北考察，在一个村子里见到了当地人采集的新鲜人参，于是他依原样大小绘制了人参图。根据田野调查结果，1711年杜赫德在与印度和中国教区总巡阅使的一封信中详细叙述了关于人参的资料，试截取一段：

> 中国许多最好的名医都整本整本地写了许多关于神奇的植物——人参——禀性的书，几乎在所有他们为大老爷们开的药方中都加了人参。

> 人参是非常名贵的，一般老百姓是无力享用的。中国人声称对于身心过度疲劳，人参是有特效的药，它能使人兴奋，治愈肺部和胸部的虚弱，止住呕吐；它能强健脾胃，增进食欲，驱散邪气，增强胸部机能，治愈气虚气亏；它能振奋精神，在血液中产生淋巴液；它对于头晕、头昏是一剂良药；它还能使老人延年益寿。

> 如果人参没有如此经久不衰的好效应，不可想象汉人和满人还会如此重视这种草根。有的人身体本来很好，为了更强健，仍经常服用人参滋补身体。如果欧洲人有足够的人参做试验来取得必要的数据，用化学方法来了解人参的特性，对症下药，适量地临床应用，我相信在懂制药的欧洲人的手里，人参将是一种非常有效的良药。

杜赫德的观察虽然不是最早的，却是最为详细的资料，这是人参第一次被介绍到西方世界。此后又接连有传教士如李明

（Le Comte）、拉菲托（Joseph Lafitau）等对人参进行了介绍。虽然西方人没有如东方人一般如此迷恋人参，然而却因为西洋参获取了暴利，并对美洲的生态环境产生了影响，这也是一种间接的影响。

拉菲托发现这种植物在北美非常多（即西洋参，其实与中国人参并不是一个品种），法国商人意识到这是一种能够从中国人手中牟取暴利的宝贝。于是他们在与印第安人做交易时，除了收购毛皮，也开始大量收购西洋参，北美大地出现了一股"挖参热"，西洋参和皮货一起成为新大陆最早的出口商品。

清康熙帝即位以来开始封禁东北。康熙六年（1667）"罢招民授官之例"，康熙十九年（1680）设柳条边划定旗界、民界，尤其禁止开发长白山，造成人参供应紧张，日本的东洋参、朝鲜的高丽参以及北美的西洋参（花旗参）开始占领市场份额。

1718年，一家法国皮货公司试着把西洋参出口到中国，从此开始了西洋参的国际贸易。法国的人参贸易后又被英美接管，1784年2月，中美之间有了第一次直接贸易。"中国女皇"号从纽约出发，满载着242箱约30吨西洋参开往中国，于8月抵达广州，交换了200吨茶叶以及丝绸、瓷器等物品后返航。

从18世纪末到20世纪30年代，英美向中国运来的西洋参数量非常巨大，一直到18世纪后期，出口中国的几乎都是野生西洋参（平均价格大约每磅2.5美元）。鉴于北美野生西洋参资源的消耗殆尽及挖掘对环境的破坏，西洋参价格飙升。美国人开始探索西洋参栽培之路，西洋参栽培之父乔治·斯坦顿1885年成功在纽约州种植了150英亩（约0.607平方千米）的西洋参，19世纪末西洋参供应已经完全被人工栽培所取代，有力地使美国在对华贸易中占据主动。

中国茶叶简史

　　中国是茶树的原产地和原始分布中心，也是世界上最早饮茶、业茶的国家，这一点，不仅有丰富的历史资料可以证实，也早为17世纪瑞典著名植物分类学家林奈所肯定，同时也是世界各国植物学家已经达成的共识。世界各国的茶叶栽培和制作技术均由中国传入，饮茶习俗和茶文化也同样由中国输出。

　　据植物学家考证，地球上的茶树植物大约已经有上百万年的历史了，世界茶树的原产地就在中国的云贵高原一带，即云南、贵州、四川三省交界的山区，也就是战国时期的巴蜀国所辖境内。清初顾炎武在《日知录》中首次提出"是知秦人取蜀而后，始有饮茗之事"，茶始于"蜀"之说法，目前学术界已基本没有疑义，巴蜀确实是中国和全世界茶业和茶文化的摇篮。云南也是世界上发现野生大茶树最多的地方之一，尤其以澜沧江两岸最为集中。

　　传说在上古神农时期，中国劳动人民就已经发现了茶树，并用茶作为解毒药物，如东汉《神农本草经》记有"神农尝百草，日遇七十二毒，得荼而解之"，这里同样指出茶最早的用途是解毒药用。陆羽在《茶经》中也说"茶之为饮，发乎神农氏，闻乎鲁周公", 这仅仅是口头流传的传说, 把神农看成五千年前发明饮茶的人物也确实有些武断了。当然, 茶最早作为药用植物被发现和利用于史前也有一定的合理性, 只是在学术界尚未达成共识。

最早关于茶的记载可见《夏小正》, 四月"取荼"、七月"灌荼";《诗经》中提到栽培茶树事宜, "采荼薪樗, 食我农夫", 可知当时农民已经采集茶叶;《尔雅·释木》中有"槚, 苦荼也";《礼记·地官》记载"掌荼"和"聚荼", 这里的荼作为祭品以供丧事之用。如果中国的茶叶生产在周代以前就已开始的话, 距今也有4000多年的历史了。东晋常璩《华阳国志》记载, 武王伐纣(前1046)以后, 巴为封国, 四川的"丹、漆、茶、蜜……皆纳贡之", 可见当时巴蜀就有茶叶为贡品的记载, "园有芳蒻香茗"也证明当时的茶树已经在园中进行栽培, 人工植茶至少有2700多年的历史了。

到了春秋时代(前770—前476), 茶叶生产有了发展, 已用作祭品和蔬菜。《晏子春秋》中说:"婴相齐景公时, 食脱粟之食, 炙三弋五卵茗菜耳。"战国时代(前475—前221), 茶叶生产继续发展, 在战国后期及西汉初年, 中国历史上曾发生几次大规模战争和人口大迁徙, 特别在秦统一四川以后, 促进了四川和其他各地的货物交换和经济交流, 四川的茶树栽培、茶叶制作技术及饮用习俗, 开始向当时的经济、政治、文化中心陕西、河南等地传播。先秦之后, 便是中国的茶由巴蜀向外逐次传播的阶段, 中原也开始有茶事记载。

西汉时期(前206—8), 茶叶成为主要商品, 且由云南扩散到了四川。汉宣帝神爵三年(前59), 蜀人王褒所著《僮约》, 内有"武阳买茶"及"烹茶尽具"之句, 武阳即今四川省彭山区, 说明在汉代，像武阳那样的茶叶集散市场已经形成了，四川产茶已初具规模，制茶方面也有改进，所以才能投放市场成为重要的商品。此时，茶叶已经成为士大夫生活的必需品，王褒《僮约》里的家僮每天既要在家烹茶，又要外出到武阳买茶，还要把茶具收拾干净，这是饮茶、茶业得到一定发展重要的标志。不过即使到了东汉（25—220），茶业范围还限于长江中游地区。

从发现茶，到茶成为士大夫的饮料，是一段很长的时间：由最初的药用，再到祭品、菜食，直至成为饮料，茶经过了2000多年的历程。

两汉以后，茶叶生产推广到了长江中下游及以南地区。江南初次饮茶的记录始于三国，在《吴志·韦曜传》中，"或密赐茶荈以当酒"，叙述了孙皓以茶代酒的故事。

两晋时期（265—420），寺庙栽培的茶树就有采制为贡茶的。产茶渐多，关于饮茶的记载也多见史册，及至晋后，茶叶的商品化已到了相当的程度。西晋左思《娇女诗》说"心为茶荈剧，吹嘘对鼎䥶"，左思把两个娇女用嘴吹炉、急等茶吃的情景活画出来，说明饮茶风气已传至家庭妇女；而且左思生平未离开北方，这也有力地说明了中原（洛阳）官宦人家已经开始饮茶。

南北朝时期（420—589），佛教盛行，山中寺庙林立，无寺不种茶，各寺庙都出产名茶。没有茶叶生产的大发展就不可能有名茶的诞生。《南齐书·武帝本纪》中提到，萧颐临死前诏曰："我灵座上，慎勿以牲为祭，但设饼果、茶饮、干饭、酒脯而已。"从中可以明显看出，当时江南地区饮茶已经和喝酒、吃饭并列，成为日常生活必不可少的内容。《洛阳伽蓝记》叙述北方民族虽不尚茶，但宫廷必备茶，茶饮绵延于中原社会。

到了唐代（618—907），茶区扩大到全国，饮茶之风风靡全国，茶叶成为人们喜爱的饮料。从唐开始，"荼"去一画，始有"茶"字；陆羽作《茶经》，方有茶学；对茶开始收税，建立了茶政；茶的外销，带来了茶的边境贸易。具体来说，唐中期以后，是茶具有划时代意义的重要时期，史称"茶兴于唐"或"盛于唐"。中唐（766—835），江南大批茶叶经长途运往华山，北方人民饮茶逐渐成风。据封演《封氏闻见记》记载，开元中山东、河北、西安等处"城市多开店铺，煎茶卖之，不问道俗，投钱取饮"，这说明北方人也养成饮茶习惯，且茶已不是贵族和士大夫阶级独享了。禅宗对唐代茶业的大兴盛也起到了十分重要的作用，由于"安史之乱"的原因，禅宗极受欢迎，《封氏闻见记》也说，泰山灵岩寺一开门传宗，很快便风靡中土，直接结果就是茶饮的风俗化。开元以后，宫廷用茶数量与日俱增，茶政、贡茶和茶税依次诞生，《旧唐书》中记载德宗建中三年，"茶之有税，自此始也"。

这里值得一提的就是"茶圣"陆羽于758年成书的世界第一部茶业专著《茶经》三卷，对茶叶生产做出了巨大贡献，不但总结了唐代以前劳动人民在茶业方面取得的丰富经验，传播了茶业的科学知识，促进了茶叶生产的发展，而且以此为起点，茶业专著相继出现。

从饮食方式上来看，唐代以前普遍流行的是"煮茶法"，唐代以后则以饼茶为主，直至元明时期出现散茶泡饮法，沿袭至今。茶文化在唐代发展到空前的程度，受到王公贵族的追捧，"茗战"始于唐代，到宋代则称"斗茶"，当然又有新的发展。

宋代（960—1279）也是茶业有较大变革的时代，有称"茶兴于唐，盛于宋"的说法。宋代，由于气候由暖变寒，茶区向南转移，南方茶业获得明显发展，产茶地区由唐代的43个州（《茶经》）扩展为66个州（《太平寰宇记》），就福建、两广来说，纬度比唐代南移了不少。宋代茶风更盛，宋徽宗赵佶所著《大观茶论》足以说明。孟元老《东京梦华录》也记载："开封朱雀门外……以南东西两教坊，余皆居民或茶坊。"南宋临安（今杭州）茶肆林立，乡镇茶馆繁盛，茶馆文化获得了较大的发展。吴自牧在《梦粱录》中记载了茶馆类型和功能的多样化发展，如有高低档茶馆之分以迎合不同阶层品茶对象，高档茶馆为文人雅士叙谈、会旧、品茗、赏景、吟咏提供了场所，也是富商大贾光临之处，茶馆有茶博士伺候，有的还有艺妓吹拉弹唱；档次较低的茶馆则是诸行卖技人会聚之所。因与辽金长期对抗，且有边防和纳贡的需要，宋代由唐代的自由买卖从中征税，演变成了官营买卖的榷茶制度。沈括《梦溪笔谈》记载，在北京、南京、汉阳等地"各置榷货物"，开始榷

茶文化的传播使茶成为"世界三大饮品"之一。

茶，"榷川茶以换取边马"。边茶的茶马互市制度也真正形成，南宋吴曾在《能改斋漫录》中形容："蜀茶总入诸蕃市，胡马常从万里来。"

元代（1271—1368），茶业和茶文化的发展继续呈上升趋势。元朝不缺马匹，边茶主要以银两或土特产交易。据王祯《农书》记载，元代用机械制茶，有些地区利用水力带动茶磨和椎具碎茶，这显然较宋朝的碾茶又前进了一步。

明代（1368—1644），明太祖朱元璋诏曰"天全六番司民，免其徭役，专令蒸乌茶易马"，重开茶马互市；"唯命采芽以进"，改饼茶为散茶，改煮茶为泡茶，影响深远。明代也是制茶发展最快的朝代，明代以前杀青大多沿用蒸而少用炒；明代制茶，如屠隆《茶笺》所说，"诸名茶法多用炒，惟罗芥宜于蒸焙"，可见明代的名茶基本上采用来杀青的。炒青绿茶也是独步一时，明代各种茶书讲制茶一般也主要介绍炒青的生产流程。

清代（1644—1911），一般被认为是中国古代传统茶学由盛转衰的一个时期。一方面，茶书数量明显下降，据万国鼎《茶书总目提要》收录，明代有茶书55种，清代仅有11种；另一方面，关于茶的技术没有显著提升，以继承为主。

在清道光末年，中国红茶崛起，同治《平江县志》记载"道光末，红茶大盛，商民运以出洋，岁不下数十万金"，红茶受鸦片战争后出口贸易的影响而激增。中国出品茶叶约占全部出口商品的60%左右，但是工业革命后的资本主义国家在扩大市场的同时进行殖民侵略，用鸦片换取茶叶以改变贸易出超局面，中国茶叶大宗出口的优势逐渐消失。鸦片战争后，中国茶叶市场被进一步打开，与世界市场对接，出口激增，历史上最高出口数量是1886年，达2 217 200担（11.086万吨）。此后，由于印度等国家引种成功，加之西方国家实行保护政策，中国茶叶出口连年下落。1886年可以认为是中国古代茶业发展的最后一个巅峰，此后就逐渐衰退并朝近代化的方向发展。

民国时期（1912—1949）一直战火不断，茶业发展可谓是步履维艰。虽然在清末民初，中国茶业组织有一定振兴，也采取派遣专业人员出国学习等措施，使得茶树栽培和管理技术、机器制茶逐步推广，但是由于受客观条件和客观环境制约，始终无法完成茶业复兴。更严峻的是，由于当时的中国贫穷落后、工业基础薄弱、人多地少、受传统束缚等原因，在广大茶农中间仍旧采用传统制茶方法居多。

中华人民共和国成立以后，百废待兴，茶业发展得到党和国家的高度重视，于1949年当年就召开全国茶叶会议，为茶业发展指明了出路。政府采取一系列措施恢复和发展茶业，建立茶厂、加大科研力度、引进先进技术、培养茶区、扩展贸易市场等，时至今日，中国茶叶名扬天下，许多名茶为世人所知所爱，茶叶产量、茶区面积、出口总量均在世界前列。截至2017年底，中国茶区面积为4588多万亩，2018年产量为260.9万吨，出口数量为35.5万吨，实现了茶业的复兴，并创造了历史上前所未有的巅峰。

中国的茶有着4000多年的历史，在科技发达的今天，我们强调茶叶生产必须现代化，但是也离不开中国传统的制茶技术，只有两者的有机结合，才能继续茶业的繁荣。

稻田养鱼

稻田养鱼，简单说，就是指利用稻田浅水环境辅以人为措施，既种稻又养鱼，以提高稻田效益的一种生产形式。《农业辞典》称："稻田养鱼是鱼类养殖的一种方式，即利用稻田水面培育鱼种或食用鱼。稻田中需要开挖鱼沟、鱼溜以便鱼类在高温、烤田时进入鱼沟、鱼溜。进出水口处应设有拦鱼设备，以防逃鱼或野鱼进入。如用于培育鱼种，以放养鲤、鲫、草、鲢、鳙、鳊、鲂等鱼种为主；如饲养食用鱼，以放养罗非、鲤、鲫为主，每亩放养1000~2000尾，或单放罗非鱼1000尾左右。放养时间以插秧7~10天后为宜。"

我国淡水养鱼已经有3000多年的历史，稻田养鱼是淡水养鱼的重要发展，稻田养鱼历史同样源远流长。据2005年的一则新闻报道，浙江省青田县方山乡龙现村稻田养鱼的历史已经有1200年了，且被确定为首批4个世界农业遗产保护项目之一，将得到联合国粮农组织对该世界遗产的保护。游修龄从人类学和民俗学的角度，推断浙江永嘉、青田等县的稻田养鱼历史可追溯到两千年前。倪达书推断《养鱼经》成书的时间在前460年左右，那时群众养鲤之风大盛，塘少鱼苗多的情况必有发生，聪明人便有意识地将多余的鱼苗暂养到稻田中，相沿成风，比较自然顺理地发展了稻田养鲤。江浙一带在春秋时期都属于越国，江南农耕习惯大同小异，古越人在这里生息繁衍，司马迁在《史记·货殖列传》中形容"楚越之地，地广人稀，饭稻羹鱼，或火耕而水耨"。托名陶朱公的《养鱼经》至迟成书于西汉时期，记载的是太湖地区的养鱼经验。因此，如果两位先生的推断成立，那么稻田养鱼历史不下于两千年了。

我国是世界公认稻田养鱼最早的国家，究竟最早产生于何时？学术界观点不一，争论的核心主要是"稻田养鱼"和"稻田有鱼"的区分。根据文献和考古的双重证据法，目前学术界比较认同的观点是"东汉说"。"东汉说"所依据的文献是东汉末年曹操的《四时食制》："郫县子鱼，黄鳞赤尾，出稻田，可以为酱。"考古工作者分别在陕西汉中（1964—1965）、四川峨眉（1977）、陕西勉县（1978）发掘出东汉时期的墓群，出土了一系列稻田养鱼的模型文物，这与曹操的《四时食制》文献记载时间是一致的。但也有学者对"东汉说"提出质疑，认为"东汉说"所依据的双重证据法不足以证明其成立。同样，对稻田养鱼的起源地也没有统一的说法。

稻田养鱼应该最早开始于太湖地区，因为太湖地区有农业气候条件优越、土地资源丰富、水网密布、雨量充沛、稻作技术成熟等诸多优势；而且到了中唐以后，太湖地区形成了塘浦圩田系统，至五代吴越时，太湖地区已经形成了"五里七里一纵浦，七里十里一横塘"的完整体系，水稻多熟种植十分发达。稻田养鱼具体起源于何时，尚不可考，但无疑是古代劳动人民在生产实践中发现了"稻鱼共生"的生态模式，从而萌发了"稻田养鱼"的思想。所

稻田养鱼是一种农业多种经营，是生物多样性在宏观系统层面上的有效利用；是一种复合生态系统，与单一的水稻种植或鱼类养殖相比，属于人工的和谐的复合生态系统，使稻田的生态系统从结构和功能上都得到了合理的改造。水稻是这一生态系统的主体，是绝对优势的种群。

以，可以理解"稻田养鱼"是对司马迁描述的"饭稻羹鱼"生活方式的一种创新和发展。游修龄先生推断："回顾了吴越的'饭稻羹鱼'历史，就可以理解，当山越被迫逃进山区后，他们原先'饭稻羹鱼'生活中的河海鱼食，完全断了来源，原有的生活方式不能继续了。'稻田养鱼'可说是山越对'饭稻羹鱼'的应变和创新。"稻田养鱼是对传统稻作农耕的合理发展，因此，稻田养鱼历史应该是十分悠久的。

到了唐朝，官方明文禁止捕食与买卖鲤鱼，三令五申，禁止百姓捕食鲤鱼，唐代《酉阳杂俎》卷一七记载："国朝律，取得鲤鱼即且放，仍不得吃，号赤鲬公，卖者杖六十，言'鲤'为'李'也。"《旧唐书·玄宗纪上》记载开元三年（715），"禁断天下采捕鲤鱼"，开元十九年，又"禁采捕鲤鱼"，那么即使当时已经存在稻田养鱼，也应该随之夭折了，只有政令不易及的地方如偏远山区，农民为解决婚丧嫁娶、节日吃鱼的问题，仍维持着稻田养鱼的传统，不过放养方式很粗放，产量也不高。

明洪武二十四年（1391）《青田县志·土产》载："田鱼有红黑驳数色，于稻田及坪地养之。"证明浙江青田县在明初已经开始稻田养鱼，是目前最早最确实可信的史料；成化《湖州府志》载"鲫鱼出田间最肥，冬月味尤美"，是目前太湖地区最早的史料。

明清时期，稻田养鱼得到深入发展，在南部太湖地区已经普遍存在，而且古代劳动人民对稻田养鱼产生了更深层次的认识，在利用方式上出现了创新。清康熙《吴江县志》"物产·鲫鱼"条目下，注明"出水田者佳"，清代在吴江县的稻田养鱼已经不仅仅局限于鲤鱼，鲫鱼亦成为主要放养品种，而且鲫鱼"出水田者佳"，从另一个角度阐明了稻田养鱼所产鲫鱼较湖泊、江河、池塘所产鲫鱼质量更佳。但当时的稻田养鱼水平较低，粗放经营、管理不善、放养鱼类种类单一、产出不高，田鱼主要是自养自食。明清时期稻田养鱼虽然发展成为农村的重要副业，但由于受小农经济的局限，农民自发性生产、经营分散、信息闭塞，稻田养鱼不可能得到有组织的技术指导，各地在稻田养鱼方法和单产方面差异较大，无法集中力量，生产规模和技术均无大的进步。

民国时期稻田养鱼得到进一步推广和深入发展。民国二十三年（1934），稻作试验场曾在松江繁殖区进行稻田养鱼试验，鱼种为鲤、青、草、鲢、鳙等；同年8月投放，至10月鲢鱼体重增长5倍，鲤鱼增长20倍，最大的个体达250克以上；1937年该试验场孵出2万尾鱼苗，提供给农民在稻田中饲养。这一时期稻田养鱼得到政府机构的重视，出现了稻田养鱼的生产指导性机构，根据科学实验总结出了颇有成效的科学理论，用于指导农民稻田养鱼的生产实践，起到了一定的促进作用。但是毕竟是农业试验场的局部推广，由于时局动荡等因素，稻田养鱼不能稳定发展，而且不是农民自发积极地进行生产，难以在全省形成规模，其技术也以总结已有经验为主。

小米 "大事记"

粟（小米）在中国驯化完成，中国成为世界粟作起源中心。在中唐之前，粟一直是中国最重要的粮食作物，被称为"五谷之首"，古代"贵粟"便是重农的代名词。具有超然地位的粟奠定了中华文明的基础，新石器时代以来以粟为中心的农耕生活，决定了其比稻更早地影响世界。

粟的传播路线

粟和黍（黄米）的栽培、食用方式较为相近，常常混杂，因此在中东、近东、欧洲历史上常常将两者统一称呼，在文本中难以区分，增加了传入时间分析的复杂性，但是黍的重要性要逊于粟。

前4500年，粟从长江流域，转经中亚，传入亚洲西南部（印度）。前2000年，粟从黄河流域传入朝鲜半岛、东南亚等地。粟和稻几乎同步传入东南亚地区，然而在公元前，粟比稻应用得更加广泛。粟很可能是由川、滇的夷人通过陆路经缅甸、泰国和马来半岛传入南洋群岛。早在前1700年，粟就在法国的阿尔卑斯地区引种栽培，但是经过青铜时代晚期的精耕细作之后，在铁器时代初期，由于气候恶化（主要是降雨量减少），粟的种植归于沉寂。直到古罗马时代、欧洲中世纪，粟再次迸发巨大活力。由此可知，粟传入欧洲的时间并不晚于亚洲其他地区。目前，粟在欧洲的意大利、德国、匈牙利等国栽培较多。

关于粟的西传路线，有人认为到达西亚以后，又分为两个传播渠道：一是沿地中海北岸，从希腊到南斯拉夫、意大利、法国南部的普罗旺斯、西班牙一线；二是沿多瑙河流域，从东南欧穿过中欧，直到荷兰、比利时等低地国家地区。粟开创了欧洲原始农业的先河。

事实上，粟在梵语、印地语、孟加拉语、古吉拉特语中分别称"Cinaka""Chena（Cheen）""Cheena""Chino"，都是"秦"或"荆（楚）"的谐音，波斯语则作Shu-shu，不仅能够反映域外文化与中华文化之间具有某些联系，也可以佐证粟西传的历史事实。

粟经山东半岛或辽东半岛，传入朝鲜和日本，与中国的云南、台湾等地区。日本在绳纹文化末期已经栽培粟，在水稻传入后，粟的地位才有所下降。中国台湾情况类似，种粟先于种稻，直到今天，高山族刀耕火种的主要农作物依然是粟，可见粟在传统农业形态中占有举足轻重的作用。

总之，在史前至迟到中古时期，粟已经在当时世界上已知的大部分地区种植。粟在大移民时代由欧洲人带入美国，20世纪初已占美国黍类作物的90%。

粟的深远影响

粟较强的抗逆性和价格的低廉性，决定粟可以在相对贫瘠的土地、降雨相对不好的年景取得产量并用于救荒。

粟的食用价值在世界古代史、中古史上不可或缺。罗马帝国时期，粟作为重要作物贯穿于农业社会的始终。然而上流社会食之甚少，食用粟与否，甚至可作为区分社会地位高低的一个标志。纵观整个古罗马时代，粟不仅仅作为饲料那么简单，它在农业生产、日常烹饪、医药服用等方面占有重要的地位，与经济发展和文化价值息息相关。

欧洲中世纪时期，粟是穷人最重要的食物。到了19世纪，西欧的粟逐渐被小麦、土豆、玉米、黑麦和水稻（尤其是前三者）所取代，这与历史上中国北方粟地位下降殊途同归，主要原因就在于其他粮食作物的高产属性以及粟不是制作面包所

粟很有可能是先民们从狗尾草驯化而来的。

必需的原料。尽管受到其他作物的排挤，如印度河下游、恒河下游的河谷和三角洲集中栽培稻，但仍有大片土地尤其是贫瘠的土地种植粟。

中国台湾不单种粟、食粟，更是把粟奉为祖先的神灵，对于水稻则不甚青睐，水稻很难进入台湾的粟作群体。南洋群岛当地的原始农业文化——块茎文化和后发的稻文化之间，显然还有一个介乎两者中间的粟文化，所以才有印度尼西亚"粟岛说"。

现在，粟在世界粮食作物中所占的份额低于以前，欧洲世界的缩减是比较重要的因素，但粟在西欧地区依然有小区域种植，主要作为家畜的饲料；在东欧，粟则一直作为制作面包和发酵酒的重要原料，大量种植并具有举足轻重的地位。中国、印度、西非等地更是如此，是世界上粟的主要生产地和消费地。

英语称粟为"millet"，它来自中古法语，中古法语又来自拉丁语"milium"，所以粟的拉丁学名叫"Miilacium"，它源自印欧语"mele"，是"压碎""磨碎"的意思，因此由"mele"衍变为"mill"（磨），这些都是从原始农业使用石磨盘脱壳、磨粉中引申出来的词汇，也是滋生新词的根本。由于磨成的粉很细小，无法计数，所以有"million"（百万）这样的词汇形容数量极多。探析该词汇的源头，可见原始农业种植的粟及其加工用的石磨盘发生"血缘"的关系，可以将粟的历史追溯到很久之前，乃至为原始农业的基础。

丝绸之路上的蚕丝

中国是世界农业发祥地和起源中心之一，农作物是中国向域外国家输出的主要物产。可以毫不夸张地说，农业交流作为古代中外交流最重要的一环，肩负着世界农业文明的重任。而这些交流又都是通过陆海"丝绸之路"展开的，从这个意义上来说，"丝绸之路"是中外交流的桥梁，而丝绸又是丝路开通并持续运行、发展的关键原因。"农业四大发明"——稻作栽培、大豆生产、养蚕缫丝和种茶制茶，对人类生存和发展的贡献并不逊色于"四大发明"，并且中国科学院2016年发布的88项"中国古代重要科技发明创造"中，"养蚕缫丝"赫然在列，可见其地位之重要。

养蚕缫丝起源于中国

中国是世界上最早发明养蚕缫丝的国家，1984年在河南荥阳县青台村一处仰韶文化遗址中，出土了中国丝织品的最早实物——一些平纹组织物和组织稀疏的浅绛色丝织罗，这些丝织物残片可以追溯到距今约5500年前。类似遗址在中国屡见不鲜，如山西西阴村仰韶文化遗址、浙江省吴兴县钱山漾遗址等遗址均有发现丝织品的残存，可见在当时蚕丝就已经广泛作为织物原料，并且在标志新石器时代的仰韶文化时期，中国原始居民就已经开始家蚕制丝。

在商代时，我国的缫丝技术就已经相当成熟了，周代养蚕已有专门的蚕室，东汉已有了提花织机。而后经过数千年的发展，中国的养蚕缫丝技术长期处于世界领先地位，为世界蚕业发展做出了巨大贡献。对此，中国科学院外籍院士李约瑟更是给出了"丝绸是古代中国人带给世界的瑰宝"的赞美。

"农桑并举""男耕女织"历来是中国传统农业的特点。蚕丝业是传统社会的支柱产业，蚕桑类农书汗牛充栋，可与粮食种植业"一较高下"。唐天宝年间（742—756），朝廷收受绢帛数占全国赋税总收入的三分之一左右。而后民间新型的独立丝织业作坊——"机户"的出现，是宋代丝织业兴盛的一个标志。宋元时期以后，南方蚕丝业迅速发展，太湖流域已是全国主要的商品蚕丝产区，明代后期江南甚至出现以丝织业为代表的所谓的"资本主义萌芽"，清康熙帝在《蚕赋》序中称"天下丝缕之供，皆在东南，而蚕桑之盛，惟此一区"。当时丝绸生产和贸易成为朝廷一大财源，官方也认为"公私仰给，惟蚕丝是赖"。古代时期丝绸（生丝）一直是中国出口商品的大宗，直到1718年茶叶超越丝绸（生丝）位居出口值第一。

19世纪中期以前中国生丝对欧洲出口长期占据整个西方市场的生丝进口的70%以上，明人王世懋在《闽部疏》中说："凡福之绸丝、漳之纱绢……其航大海而去者，尤不可计，皆衣被天下。"然而，在19世纪末到20世纪初期，中国蚕丝生产的优势地位被日本取

科学史学家李约瑟称："丝绸是古代中国人带给世界的瑰宝"。中国是世界养蚕缫丝的起源地与中心地，作为中国大宗物产，蚕丝不仅丰富与美化了传入国的物质生活，更导引了纺织技术的变迁，甚至还在政治、文化上起到诸多作用。但是外国对中国蚕丝的认识也是渐进的，逐渐厘清了一些知识上的误区；此外，蚕丝与养蚕缫丝技术也不是同步传播的，技术晚于实物若干世纪，但并不是中国的技术封锁，而是其他国家的别有用心。

代。明治维新后，日本政府重视发展丝织业，并通过开拓国外生丝市场，使日本经济蒸蒸日上，并使日本从一个落后的传统国家，迅速转变成近代的资本主义国家。日本蚕丝产业占据了西方蚕丝市场的70%，蚕丝业也被称为日本经济起飞的"功勋产业"。如今，世界已有约40个国家和地区有蚕丝生产业，其中中国、印度、乌兹别克斯坦、巴西和泰国是世界的蚕丝主要生产国。中国至今仍是世界最大的蚕丝生产国，年产量约占世界总产的70%以上。

蚕丝在丝绸之路上穿行

古罗马时期，西方人就知道中国的丝绸，他们将蚕称为"Ser"，因此称中国为"Seres"（丝国），"赛里斯"成为中国的代称，"赛里斯织物"即是丝绸。近代以来德国地理学家李希霍芬（Ferdinand von Richthofen，1833—1905）也据此命名丝路。

地中海地区是西方世界最早与中国丝绸接触的地区，罗马人第一次真正地与中国丝绸相遇可以追溯到公元前后，丝绸经匈奴人、帕提亚人等商人之手逐渐西传。我们耳熟能详的故事就是凯撒大帝拥有的华丽织物——丝绸，一经亮相便震动了罗马贵族，故事的版本有好几个，主角均是凯撒大帝。见多识广的罗马贵族纷纷赞扬丝绸之轻柔、华丽，可见丝绸之稀有，穿着亚麻、羊毛织品的罗马人从未想象过还有丝绸这样的华美织物，所有珍宝在丝绸面前均黯然失色。在丝绸的诱惑下，掀起了一系列蝴蝶效应，大批贩丝商人接踵而来，成就了"商胡客贩，日款于塞下"的繁荣局面，这条路线单程需要近1年时间，但这也不能阻止贩丝商人的脚步。

"西方丝绸热"以古罗马为最盛，传播速度也快得惊人，不只是罗马贵妇人，即使是罗马男子，也追捧丝绸。可能由于丝绸带动的奢靡风气，抑或由于丝绸有挑动情欲的嫌疑，罗马元老院认为丝绸毁坏了他们的名誉，于是在公元14年诏令禁止男子穿戴丝绸，这也使女子使用丝绸受到了一定的限制。因此，关于能否穿戴丝绸的相关激辩经常发生，但当时的罗马正处在全盛时期，整个社会被挥金如土、追求时髦的风气所笼罩，丝绸有禁不止，着丝之风渗透到各个阶层，即使是脚夫和公差也穿着丝绸。奥勒良皇帝（270—275年在位）时期1磅丝绸在罗马竟能卖到12盎司（约340克）黄金，几乎与黄金等价。

　　公元395年罗马帝国分裂，罗马作家兼行政官普林尼和其他一些历史学家认为是黄金的外流削弱了经济，最后导致罗马帝国分裂。但分裂后的东罗马帝国对丝绸的需求较之前有过之而无不及，甚至爆发了东罗马帝国为打破波斯对丝绸垄断希冀同中国直接对话的"丝绢之战"。查士丁尼统治期间，东罗马帝国与波斯关系紧张，境内的丝绸价格飞涨，民众怨声载道。因此，帝国迫不得已采用政府限价的方法，规定"严禁每磅丝绸的价格高于8个金苏（每个金苏含4.13克黄金），违者财产全部没收充公"。

　　其实不只古罗马的丝绸是由中国传入的，世界上大多国家的蚕种和育蚕术都源于中国。前11世纪，蚕种和育蚕术传入朝鲜，在3世纪时日本已有丝织业，3世纪后半叶蚕丝进入西亚，4世纪前蚕丝向南传入越南、缅甸、泰国等东南亚地区，复经东南亚传入印度（西亚传入印度亦有可能），6世纪传到了拜占庭帝国，7世纪传入阿拉伯和埃及，其后传遍地中海沿岸国家，8世纪传入西班牙，11世纪传进意大利，15世纪到达法国，17世纪由英国人带入美洲。而传入拉丁美洲地区，是从1571年至1815年，以丝绸为主的大量中国货物在菲律宾转口，通过"马尼拉帆船贸易"进入拉丁美洲市场的。

育蚕术西传首先到达于阗，这在《大唐西域记》中有明确的记载，但是，包括《大唐西域记》在内的很多文献都有"偷带育蚕术出境"的传说——"公主藏到帽子中""传教士藏于竹杖中"等不一而足，实际上这些说法均是臆测。中国从未禁止桑蚕术外传，当然这些故事也从侧面反映出蚕种和育蚕术的重要性。

实际上真正"密不外传"的是外国，而非中国：波斯从中国进口生丝进行再加工，其后再出口成品赚取差价；东罗马人虽然掌握了蚕丝生产技术，但君士坦丁堡出现了庞大的皇家丝织工场后，就独占了东罗马的丝绸制造和贸易，并垄断了欧洲的蚕丝生产和纺织技术，而这种状况一直持续到前12世纪中叶，到十字军第二次东征后才结束。可见由消费者向生产者的转变是历史的必然选择，但往往要经历漫长的时间演变。

西方学者特别偏爱解读蚕桑技术，法国人杜赫德（Jean Baptiste du Halde，1674—1743）主编的四卷本百科全书式的名著《中华帝国全志》（1735年出版），其卷二中摘译了《农政全书》蚕桑篇。1837年，法国人儒莲（Stanislas Julien，1797—1873）把《授时通考·蚕桑门》和《天工开物·乃服》中的蚕桑部分译成了法文，编辑成书并以《蚕桑辑要》的书名刊印，为欧洲蚕业发展提供了极大帮助。达尔文亦阅读了儒莲的译著，并称其为权威性著作，他还把中国养蚕技术中的有关内容作为人工选择、生物进化的一个重要例证。

茶叶旅行

  我国是茶树的原产地和原始分布中心，也是世界上最早饮茶、业茶的国家，人工植茶至少有2700多年的历史。茶叶的母国——中国自然肩负起传播茶种、茶文化的重任。作为三大饮料之首，茶叶是"农业四大发明"中的唯一非必需品，仅论有影响的中外茶叶纪录片就有9部之多，如BBC（英国广播公司）《茶叶之路》等，居于各大作物之首，茶叶的世界影响力可见一斑。毕竟在世界绝大部分地区已经过了温饱阶段，人们开始追求精神上的享受与依归，茶文化这个亘古话题还将历久弥新。

  中国茶的对外传播也分为陆路和海路两条，即：陆路，沿丝绸之路向中亚、西亚、北亚、东欧传播；海路，向阿拉伯、西欧、北欧传播。

茶叶在亚洲

  在中国朝贡体系中的东亚最先享受茶叶的沐浴，在情理之中，茶叶之外的其他作物一般也是第一时间传入朝鲜、日本，毕竟有地缘优势，又是文化相亲。据说三国时期，茶叶在江南正在方兴未艾之时，朝鲜已经引茶入朝，比较确定的是高丽王朝记载：828年12月"入唐回使大廉持茶种子来，王使植地理山。茶自善德王时有之，至于此盛焉"，茶文化逐渐走向顶峰。

大约在6世纪中叶，茶经朝鲜辗转传入日本。805年，最澄法师将制茶技术和茶种带回日本，又有空海、永忠法师传播推介，茶叶在日本上层社会普及。1191年，荣西法师将茶籽再次带回日本种植，在他的大力宣传下，茶叶在全社会处处开花，荣西法师的《吃茶养生记》为日本的"茶叶'圣经'"。在思想上，日本茶道从荣西法师开始就融合了佛教思想，15世纪，被誉为"茶道之祖"的村田珠光开创了以闲寂质朴为中心理念的日本茶道；16世纪晚期，千利休集茶道之大成，提炼出"和·敬·清·寂"，构建完整的茶道体系；日本茶道的重要思想——一期一会，首次在千利休的弟子山上宗二的《山上宗二记》中出现。在形式上，日本茶道继承了明代以前的末茶及点茶法，明代以前茶叶大都做成茶饼，再碾成粉末，饮用时连茶粉带茶水一起喝下，虽然传统，但是却继承了中国古代茶文化的精神内核。

茶叶在欧洲

欧洲受茶叶影响至深，但是接受相对较晚，虽然早在851年，阿拉伯人苏莱曼在《中国印度见闻录》就提到了茶叶。元朝和明朝，传教士将中国的茶介绍到欧洲，《利玛窦中国札记》对中国的饮茶习俗有详细的记载。但是，茶叶一直没有真正进入欧洲人的生活。

16世纪开始，茶叶在西方真正的渐次推广。一说1517年，葡萄牙海员从中国带去茶叶，但此说有争议。比较确凿的是1610年，荷兰人首次将茶叶运回欧洲，开创了西方饮茶之风和中西海上茶叶贸易之先河。但是茶叶在传入欧洲之初，被视为一种药物，或者作为一种新兴商品在咖啡馆出售。这个状况直至有"饮茶皇后"之称的凯瑟琳公主大力推广饮茶才开始改变。

17世纪60年代，在1662年嫁给英国国王查尔斯二世的葡萄牙公主凯瑟琳·布拉甘萨公主（Catherine of Braganza）的推动下，饮茶之风开始在宫廷流行。凯瑟琳公主所带的嫁妆中，就包括221磅中国红茶和精美的中国茶具，成为王后的凯瑟琳公主经常在王宫中招待贵族们饮茶，于是贵族阶层争相效仿，饮茶很快成为英国宫廷的一种礼仪和社交活动。

19世纪维多利亚时代，安娜·玛丽亚公爵夫人（Anna Maria, Duchess of Bedford）首创"下午茶"，也渐成风气。1840年前后，卸任伦敦白金汉宫内女官职务的安娜·玛丽亚，住在位于伦敦以北约100千米处的贝德福德公爵府邸。当时英国贵族的饮食习惯是早餐十分丰富，中午则多外出野餐，只吃少许面包和肉干、奶酪及水果等。兼作社交场合的晚餐则安排在欣赏音乐会或戏剧之后，且晚餐时间变得越来越晚。为了缓解午餐与晚餐之间的饥饿问题，安娜·玛丽亚公爵夫人开始在午后3—5点间吃三明治和烘焙点心，同时也享用红茶。后来，公爵夫人邀请客人们到府邸中被称作"蓝色会客厅"的房间，拿出红茶和餐点来招待他们。公爵夫人的做法在贵妇之间获得好评，下午茶也得到推广并固定下来。

最初，茶为王公贵族享用的奢侈品，毕竟价格昂贵，但是宫廷的饮茶风尚成为世俗阶层模仿学习的对象，老百姓也希望通过饮茶来标榜自己拥有上流、讲究的社会生活。终于，随着茶叶贸易量增加，价格下降，茶逐渐成为大众饮品。

1699年，英国东印度公司的船只第一次抵达广州，开启了与中国的直接贸易联系，此后，中国茶叶开始大规模输入欧洲。80%的英国人每天饮茶，茶叶消费量约占各种饮料总消费量的一半，因此，英国茶的进口量长期遥居世界第一。17世纪，中国茶叶的出口量猛增，至1718年，茶叶出口已经超越生丝居出口值第一。18世纪中期，茶真正进入欧洲平民的生活之中，尤其是英国饮茶之风愈演愈烈。高峰时英国独占华茶出口总量的90%。

世界第一饮料

茶文化在英国也发生了重大改变，即饮茶时加入牛奶和糖。1845年，弗里德里希·恩格斯（Friedrich Von Engels）在一份关于工人家庭日常饮食的观察报告中写道："一般都喝点淡茶，茶里有时放一点糖、牛奶和烧酒。"关于为什么加入这些，连英国人自己都已经说不清了，一般认为是为了祛除茶的苦涩。其实这也与英国人饮食习惯有关，英国有嗜好牛奶、糖分的传统。更为重要的是，在不同时空条件加糖或牛奶的比例不是一成不变的，所以这是一个比较复杂的问题。其实，喝茶加糖的习俗大概起源于17世纪末18世纪初，以适当平衡茶的苦味。但是英国本身并不产糖，糖在英国也是一种昂贵、稀缺的物资，茶叶与糖两个昂贵的物质相遇反映了英国人奢华而体面的生活，随着海外殖民地的开拓，英国才逐渐拥有了充足的糖料来源。但是很快贵族阶级就觉得，加糖会影响身体健康，因而加奶的习俗就这么诞生了，香气浓郁、滋味醇厚的奶茶就此出现了。

有了"奶茶"之后，是否加糖习俗就消失了？答案是否定的，加糖习俗下移至更多的普罗大众。研究发现，低收入人群喝茶多加两块糖的概率比高收入高两倍，原因则是低收入人群大多从事体力劳动，因而更需要补充糖分和能量。艾伦·麦克法兰（Alan Macfarlane）认为茶叶消费带动英国的消费革命，被圈地运动制造的无产者产业工人，为了消费，更加勤勉地作为一个零部件在新式工厂生产，这一切都导引了工业革命。这一观点同样得到了日本学者速水融、荷兰经济史家德·弗雷斯（Jan De Vries）的勤勉革命（industrious revolution）理论的支撑。勤勉革命理论除了证明了茶叶的重要性之外——茶叶是工业革命的"始作俑者"，也可见加糖确实是必要的。

由于对华贸易存在巨大逆差，英国一方面在殖民地发展茶叶生产，借此打破中国的市场垄断，《两访中国茶乡》的作者福琼（Robert Fortune）就是著名的"茶叶大盗"；另一方面走私鸦片，成为鸦片战争的导火线。茶叶贸易的争端也发生在美国，"波士顿倾茶"事件成为美国独立战争的导火线。

1567年，两个哥萨克人在中国得到茶叶后送回俄罗斯。1618年，明使携带两箱茶叶历经18个月到达俄京以赠俄皇。清雍正五年（1727）中俄签订互市条约，以恰克图为中心开展陆路通商贸易，茶叶就是其中主要的商品。1810年从澳门去巴西的中国茶农，他们自己携带铺盖、锅枪、茶树、茶种，甚至还包括中国的土壤。最初是有两位茶农去见葡萄牙国王，并来到了里约热内卢的皇家植物园，他们大概于1810年9月开始种植茶叶，葡萄牙国王还派了十几名黑奴帮助他们料理园地，但开始的种植并不成功。直到1812年3月，澳门又给巴西寄来一批茶树和茶种。类似记载遍布世界各地，茶叶旅行遍布全世界。

1780年，东印度公司从广州引种茶种至印度。1824年，斯里兰卡引种茶树。1893年，俄罗斯引种茶种。印度、印度尼西亚、日本茶叶出口发展迅速，一度超越中国。今天，全世界已有60个国家生产茶叶，约30亿人饮茶，中国茶叶产量仍占世界总产量的三分之一，出口120多个国家和地区，茶叶当之无愧地成为世界三大饮料之一。

大豆的全球旅行记

大豆（黄豆、黑豆、红豆、青豆等）的唯一起源中心是中国，历来没有争议。豆科植物众多，但以"豆中之王"大豆的重要性最为突出，它与人们生活的关系最为密切，对世界的影响也最大。大豆是用养（地）结合、轮作倒茬的重要作物，其重要性在古代历史上一度超过稻和麦。

大豆的旅行轨迹

与粟、稻相比，大豆"走"向世界的时间较晚，因此它的旅行时间脉络比较清晰。前3000多年前，中国大豆传入日本；前1000年左右，中国大豆传入朝鲜。

在汉代之前，中国南方地区尚不知大豆，所以亚洲南部地区均是在1世纪到15世纪地理大发现之间推广的大豆。至迟在13世纪，中国大豆传入印度尼西亚等东南亚地区。1740年，大豆传入法国，进而流布欧洲；1765年，大豆被引入美国；1876年，中亚的外高加索地区开始种植大豆；1882年，大豆在阿根廷落脚，开启了南美传播模式；1898年，俄国人从我国东北地区带走大豆种子，开始在俄国中部和北部推广；1857年，大豆扩展到非洲埃及；墨西哥和中美洲地区的大豆传入时间则可以追溯到1877年；1879年，大豆被引种到澳大利亚。

大豆，古称“菽”，菽作为重要粮食作物被列入“五谷”，但由于口感不佳，汉代以来主要作为副食，诞生了多姿多彩的豆制品。更重要的是大豆还有诸多妙用，如可以补充蛋白质，可以作为绿肥作物与小麦等轮作、间作，未成熟即可救荒，亦可作为“青茭”（饲料），还可以折粟纳税。

而欧洲的情况还可以细化：1740年，法国传教士曾将中国大豆引至巴黎试种；1760年，大豆传入意大利；1786年，德国开始试种大豆；1790年，英国皇家植物园邱园首次试种大豆；1873年，维也纳世界博览会掀起了大豆种植的高潮，随后在欧洲各国开始种植；1880年，大豆“旅行”到葡萄牙；1935年，大豆“抵达”希腊。1765年，大豆才由曾受雇于东印度公司的水手塞缪尔·鲍恩（Samuel

Bowen）带入美国。或是出于制作酱油再贩卖到英国的目的，塞缪尔·鲍恩在佐治亚州种植大豆，但在接下来的一百多年中，大豆在美国主要作为饲料存在。1600年，日本南部的酱油制作技术传入印度；1804年，印度酱油已经在悉尼出售；1831年，印度酱油在加拿大出售；但在1855年，大豆才开始在加拿大种植。而巴西引种大豆相对较晚，但发展很快，在20世纪50年代，巴西出于土壤改良的目的，开始种植大豆，紧接着大豆向亚马孙雨林"进军"。目前，巴西已经是世界第二大大豆生产国，远超第三大大豆生产国阿根廷。

被"驯化"的大豆

"植物蛋白"大豆营养丰富，孙中山先生曾说："以大豆代肉类是中国人所发明。"因为中国种植业与农牧业严重不协调，肉类蛋白和奶类蛋白严重缺乏，所以需要仰仗大豆的蛋白质来满足中国人正常的人体需求。民国时期，人们又发现大豆为350余种工业品的原料，其价值远甚于单纯作为粮食作物。

豆腐的发明是我国古代对食品的一大贡献，是大豆利用中的一次重要变革。我国的制豆腐技术开始外传，首先传到的国家是日本。日本人认为制豆腐的技术是在754年由鉴真和尚从中国带到日本的，所以至今他们仍将鉴真和尚奉为日本豆腐业的始祖，并称豆腐为"唐符"或"唐布"。1654年，隐元大师东渡日本，又把压制豆腐的方法传入日本。

20世纪初，我国的豆腐制作技术传到欧美国家。1909年，西方第一个豆腐工厂由国民党元老李石曾在法国建立，工厂主要生产豆腐、豆乳酱、豆芽菜等豆制品。李石曾称豆腐为"20世纪全世界之大工艺"。

除了豆腐之外，大豆丰富的副产品在世界上也很有市场，豆浆、豆豉、豆酱、豆腐乳、酱油、纳豆、味噌等受到东方的认可；在西方则是以豆油（第一次世界大战后由于植物油缺乏而受到广泛关注）和豆粉（豆奶）为主。

美国农业专家富兰克林·哈瑞姆·金（F.H.King）早在1909年来华访问时就盛赞："远东的农民从千百年的实践中早就领会了豆科植物对保持地力的至关重要，将大豆与其他作物大面积轮作来增肥土地。""他惊奇的是中国的土地连续耕种了几千年不仅没有出现土壤退化的现象反而越种越肥沃，回国之后即撰写了不朽的《四千年农夫》（*Farmers of Forty Centuries, or Permanent Agriculture in China, Korea, and Japan*，1911）。"也难怪金教授发出"（美国农场）很少有超过一个世纪耕种时间的……中国只用六分之一英亩的好地就足以养活一口人，而同样地块在当时的美国只能养活一只鸡"的感叹。1920年之后，尤其是在经济大萧条时期，由于大豆根瘤的固氮功能，美国干旱区的土地靠大豆来恢复肥力，农场以此增加产量来满足政府的需求。人们对大豆本身的需要也愈发旺盛，伴随大豆需求的增长，1924年开始，大豆"打败"棉花，其栽培面积迅速扩展。1931年，亨利·福特成为大豆产业的领军人物，福特公司成功开发人造蛋白纤维，到1935年，每辆福特汽车都有大豆参与制造，福特的介入为大豆连接工农业开启了一扇新的大门。1939年，美国成为世界第二大大豆生产国。1954年，美国已经成为世界最大的大豆生产国。目前美国、巴西、阿根廷、印度、中国是世界上大豆产量较多的国家。

中国的"薯"

现代已鉴定的薯蓣科（*Dioscorea* L.）植物有600来种，其中大多数分布于美洲，其次分布于亚洲（中国），非洲再次之。薯蓣科是最古老的作物，它们被人类采集的历史远比禾谷类早。以中国为例，早年一些观点认为南稻北粟是全部中华农业文明的起源，实际上中国的黄河流域和长江流域分别是粟作和稻作起源地的同时，岭南地区为中国的块根类作物即薯、芋等的起源地。薯、芋等作物在宋代以前一直是岭南地区土著居民的主粮作物之一，其重要性甚至在水稻之上。

今天作为薯类作物的统称，如此重要的"薯"，代表了一种草本植物的块茎，这种植物膨大的地下茎，富含的淀粉可食。一般除了番薯之外，还有土豆、薯蓣（山药）、豆薯（凉薯）、蒟蒻薯、木薯等。其实在明末之前所有的"薯"指向都是薯蓣，这从"薯"的源流也可以清晰反映。

释"薯"

"薯"，古作"藷"，又作"蕅"，"藷""蕅"古已有

· 食日谈　餐桌上的中国故事 ·

98

之。"薯"是什么时候出现的？不得而知，至迟在南朝梁《玉篇》中已经出现，"薯，音署。薯蓣，药"。换言之，"薯"是个新起的形声字，时间不晚于南朝。此外，"藷"与"蕷"虽然可以理解为同义异体字，但是其实也有些许差异，我们从历代字书、韵书中均可以察，如《玉篇》："藷，之余切。藷蔗也。蕷，直居、上余二切。根似茅，可食。"可见字书希冀在字形上予以区别。"藷"即甘蔗，"蕷"意"铁棍"山药，北宋时期《广韵》又说"蕷，似薯蓣而大"，可见"蕷"在这里指薯蓣属的又一品种——大薯（详见下一节）。

在南北朝之前，没有"薯"字，"薯"出现之后，"藷""蕷"逐渐成为异名、生僻字。但在清代前"藷"使用频率还较高，如明代徐光启《甘藷疏》即采用"藷"，在地方文献中"藷"也是屡见不鲜的。清代以后基本通用"薯"字。

《说文解字·艸部》的解释比较简单："藷，蔗也。从艹诸声。章鱼切。"也就是说"藷"是甘蔗的意思，可能也正因如此，又诞生了双音词——"甘藷"。段玉裁《说文解字注》的解释比较到位："（藷）藷蔗也。三字句。或作诸蔗，或都蔗，藷蔗二字叠韵也。或作竿蔗，或干蔗，象其形也。或作甘蔗，谓其味也。或作邯。服虔通俗文曰：荆州竿蔗。从艹诸声。章鱼切。五部。"还是说"藷"单独来看是甘蔗之意，这或许也可以解释为何文献中多以双音词的形式出现来形容薯蓣。

更多情况"藷"并不单独存在，而是与"蓣"合在一起成为不可分割的双音词——"藷蓣"（《玉篇》以来的字书、韵书多标

注：俗作薯蓣），因此，《广雅》言："藷藇，署预也。"王念孙《广雅疏证》说："今之山药也。根大，故谓之藷藇。"

奇怪的是中国最早的词典《尔雅》中并没有记载"藷"或"藷藇"，所以郭璞在《尔雅注》中并无体现。但是郭璞显然是知晓薯蓣的，因为《山海经·北山经》有"又南三百里，曰景山，南望盐贩之泽，北望少泽。其上多草、藷藇"诸语，郭璞注："根似羊蹄，可食。曙豫二音。今江南单呼为藷，音储，语有轻重耳。"猜想可能由于薯蓣在北方不甚重要，《尔雅》没有必要事无巨细一一罗列。

薯蓣以及番薯在今天的学名与历史时期重要别名——甘薯，最早记载于东汉杨孚《异物志》及稍晚的晋代嵇含《南方草木状》。我们暂且不去讨论该书作者是否为嵇含，至少能够反映两晋南北朝之事。

杨孚《异物志》是我国最早记载某一地区地理方物的著作，开创了"异物志"先河，最早出现了"甘薯"一词："甘藷，似芋，亦有巨魁，剥去皮，肌肉正白如脂肪，南人专食，以当米谷。"就是说当时南方人已经经常吃薯蓣了，至于为什么称"甘藷"不称"藷藇"了，可能如前所述"谓其味也"，不过其实也没有很大分别，毕竟"藷"的指向还是很明确的，除了薯蓣之外，别无他物可指。更直接的证据是《齐民要术》，便辑录了《异物志》和《南方草物状》中关于"甘藷"的描写，贾思勰精通农业，应当不会搞错"藷"为何物，所以无甚疑问。

晋代嵇含《南方草木状》是我国现存最早的植物志，成书于

304—306年之间，也较早地记载了"甘薯"："甘藷，盖薯蓣之类，或曰芋之类，根叶亦如芋，实如拳，有大于瓯者，皮紫而肉白，蒸鬻食之，味如薯蓣，性不甚冷。旧珠崖之地，海中之人，皆不业耕稼，惟掘种甘薯，秋熟收之，蒸晒切如米粒，仓圌贮之，以充粮粮，是名藷粮。北方人至者，或盛具牛豕脍炙，而末以甘藷荐之，若粳粟然。大抵南人二毛者，百无一二，惟海中之人，寿百余岁者，由不食五谷，而食甘藷故尔。"根据描写更可以确定是薯蓣无疑。

总之，"甘薯"一定是薯蓣，而不是番薯。"甘薯"其后在《广志》《二如亭群芳谱》《本草纲目》等文献中均有所记载，"甘薯"成了"薯"的重要称谓之一，使用频率高过其他名称。长期以来，学界多有人认为甘薯（按，这里指番薯）独立起源于中国，这便是"罪魁祸首"、思想根源。明末以来，"甘薯"终于成了番薯的重要称谓之一，甚至清代中后期"薯"都成了番薯的代名词，这又是后话了。

中国的薯蓣家族

既然我们已经明确了中国漫长历史时期的"薯"都是薯蓣（甘薯），为什么它们还会延伸出那么多别名？它们都是同一品种吗？

首先需要明确的是，中国的"薯"都是薯蓣家族，即被子植物门单子叶植物纲百合亚目薯蓣科薯蓣属，与番薯、土豆、木薯、豆薯等根本不是同一科。薯蓣科（Dioscoreaceae）是一个小科，但分布较广，主要广布于两半球热带亚热带及暖温带地区，该科9个属仅薯蓣属（Dioscorea）分布较广同时也是最大的属（约600种），其

在我国南方少数民族地区，人们对块茎作物的栽培甚至早于对谷类作物的栽培，因为它更适合于当时的社会经济与技术条件。长期的栽培实践孕育了一套丰富的薯蓣种植技术系统，现存最早最完整的农书《齐民要术》中就专辟"甘薯"一节论述薯蓣栽培技术。在番薯传入后，薯蓣不存在排挤作用，因为无法与番薯的高产相媲美。另，在入清之前，"红薯"一词基本都是指代薯蓣。

余8个属分布局限。

薯蓣属植物多矣，中国历史时期栽培的薯蓣属植物主要有两种：薯蓣（山药）和大薯。它们为薯蓣属的两个不同种，但是因为同属之兄弟，确实没有本质的不同，也容易被混淆，如同南瓜与笋瓜、西葫芦一样，后者（尤其是笋瓜）的记载长期穿插在南瓜的相关记载中，导致单从文献很难分辨三者的种植差异。其实不论是薯蓣（山药）和大薯，还是薯蓣属和芋，古人也将它们长期视为一类，如《神农本草经》："薯蓣……一名山芋，生山谷。"这不仅仅是由于薯蓣属和芋均为块根类作物，而且它们的形态、生态、栽培、用途等均有相似之处，在古代植物分类学很不发达的情况下，也就容易理解了。所以在唐代的《新修本草》前，薯蓣（山药）和大薯很可能是混杂在一起，无从分辨的。

《新修本草》如此论述："薯蓣……此有两种：一者白而且佳。一者青黑，味亦不美。蜀道者尤良。"此乃文献中第一次出现薯蓣品种的分化，此前如《神农本草经》《吴普本草》《名医别录》《本草经集注》《千金翼方》《雷公炮炙论》等草书、医书，均为一般性描述。《新修本草》后相关品种记载渐多，大薯、薯蓣逐渐分化，如《图经本草》记载："薯蓣……南中有一种，生山中，根细如指，极紧实，刮磨入汤煮之，作块不散，味更珍美，云食之尤益人，过于家园种者。又江湖、闽中出一种，根如姜、芋之类而皮紫。极有大者，一枚可重斤余，刮去皮，煎、煮食之俱美。但性冷于北地者耳。"这种"江湖、闽中出一种"猜测亦为大薯。

那么薯蓣和大薯究竟有什么区别？

薯蓣，学名（*Dioscorea polystachya Turczaninow*），块茎长圆柱形，垂直生长，常见别名有山药、土薯、山薯、玉延、山芋、野薯等。大薯，学名（*Dioscorea alata L.*），野生者块茎多为长圆柱形；栽培者块茎变异较大，呈长圆柱形、圆锥形、球形、扁圆形而重叠，或有分支，常见别名有参薯、雪薯、毛薯、甜薯、脚板薯、黎洞薯等。

20世纪20年代，丁颖撰《作物名实考》称："我国古代之甘薯，即今之甜薯，其种与山薯（薯蓣）异，与番薯（Sweet Potato）亦异。本种在我国栽培历史虽起于距今千七百余年以前，而其耕种范围，现仍限于广南一带。"他批评徐光启把中国古书中的"甘薯"混同于"山薯"（即山药）："虽知番薯来自海外，而尚未知甘薯与山薯之性状略似，种属实殊故也。"据他考察甘薯和山药无论栽培期或分布范围均有所不同。丁颖所谓的"甘薯"就是大薯，前文已述古人对大薯和山药，记载的区分度并没有那么高，很难判断到底为何种，笼统地认为系薯蓣属便可，丁颖过于求全责备了。徐光启《甘薯疏》的记载大体是没有问题的："闽广薯有二种：一名山薯，彼中固有之；一名番薯，有人自海外得此种。"

薯蓣称谓的嬗变

薯蓣的写法较多，除了薯蓣外，又有"甘薯""诸预""署豫""署预""山芋""储馀""儿草""玉延""土诸""修脆"等五花八门的称呼。如《神农本草经》卷一："薯蓣……一名山芋，生山谷。"《吴普本草》曰："'署豫'，一名诸署，齐越名山芋，一名修脆，一名儿草。"《名医别录》曰："秦楚名玉延，郑越名土诸。"为了明确指植物加上草头成"薯蓣"是后世的常见写法。

那么"薯蓣"为何演变成了山药？说来有趣，唐代宗名李豫，为避唐代宗的讳，"薯蓣"改称"薯药"。到了宋朝，宋英宗名字叫赵曙，第一个字也要换，最终变成了"山药"，也称"山芋"。宋代以后"山药"一称之所以长盛不衰，也与其通俗、好记、朗朗上口有关。虽有了更普遍的称呼，但是一般无人会把"薯蓣"与"山药"当成二物，这一点是比较清楚的，也是其他同物异名的植物所不具备的优势。但是，"山药"却与"甘薯"渐行渐远，才有了分歧。

油菜栽培史

中国是世界上栽培油菜历史最为悠久和产量最多的国家，其重要性在油料作物中仅次于大豆。中国古代的油菜，据清人吴其濬《植物名实图考》记载，主要有两种：一种是"味浊而肥、茎有紫皮，多涎微苦"的油辣菜，即芥菜型油菜；另一种是"同菘菜，冬种生薹，味清而腴，逾于莴笋"的油青菜，即白菜型油菜，早期都作蔬菜栽培。另有甘蓝型油菜，原产欧洲，中国16世纪才开始采籽榨油，20世纪40年代先后从日本和欧洲引入。

白菜型油菜是由栽培白菜演化而来的，古称芸薹，《夏小正》有"正月采芸，二月荣芸"的记述，也称胡菜，相传最初栽培于塞外芸薹戎，因而得名，早期分布于北方，考古学家在陕西半坡新石器时代遗址里，发掘出在陶罐中已经炭化的大量的菜籽，其中就有白菜籽或芥菜籽，碳-14测定距今近7000年。孙思邈说"陇、西、氐、羌中多种食之"；宋代《图经本草》说"始出自陇、氐、胡地"；《本草纲目》也说"羌、陇、氐、胡，其地苦寒，冬月多种此菜，能历霜雪，种自胡来，故服虔《通俗文》谓之'胡菜'"。这些记录都说明，今青海、甘肃、新疆、内蒙古等西北一带是油菜最早的分布地区。

芥菜型油菜（叶用芥菜）则是从芥菜演化而来的。长沙马王堆汉墓已有保存完好的芥菜籽，《齐民要术》中始有关于芥菜型油菜的记述，《名医别录》中，谈到芥菜型油菜已有"青芥、紫芥、白芥、南芥、旋芥、花芥、石芥"7个品种。及至清代，叶用芥菜也常用来救荒，《金薯传习录》之《附种蕹菜芥菜二则》篇就说："芥菜种甚多，有青芥、白芥、南芥、紫芥、花芥，（五）然品虽不一，性则相同，发生于冬，盛于春，青、豫早寒秋初便可入种，冬刈食之，盐腌用瓮藏，固经岁不坏，切食、羹食俱佳，闽中最珍其品。"

　　劳动人民在长期种植和食用过程中，发现油菜籽中含有较多的油分，逐渐将油菜从菜用转为菜、油兼用。唐代《本草拾遗》见其种子榨油的最早记载，《图经本草》才正式称它为油菜，并列入油料作物，正反映了这一作物利用目的的改变，"出油胜诸子，油入蔬清香，造烛甚明，点灯光亮，涂发黑润，饼饲猪亦肥。上田壅苗堪茂，秦人名菜麻，言子可出油如脂麻也"。这说明菜籽油的多种用途，饼粕还可以做肥料，就是我们常说的"油枯"。到了明代"今油菜……结荚收子，亦如芥子，灰赤色，炒过榨油黄色，燃灯甚明，食之不及麻油，近人因有油利，种者亦广"（《本草纲目》），已经一发而不可收。

　　油菜在江南发展，并利用冬闲稻田栽培，也始于元代，可见越冬型油菜作为春花作物的规模栽培与批量用油，这一变化发生在同一时期，这绝对不是偶然。元代《务本新书》已有稻田种油菜的明确记载。明清时期，人们进一步认识到稻田冬作油菜不仅能提高土地利用率、获得油料，还有培肥田土、促进粮食增产的作用，明弘治年间《吴江志》说："秋获之后，随即布种菜、麦……四五月间则菜薹可食，菜籽作油，菜箕可薪，麦可磨。"15世纪江南地区创

菜籽油用作食用是很晚的事情，很可能在元代中期，此时越冬型油菜凭借秋种夏收的生长期，为两年三熟与一年两熟的地区提供了便利的轮作条件，这一切都成为传播与扩展的优势。

造了油菜育苗移栽技术(《便民图纂》)，解决了油菜与水稻轮作换茬季节紧张的矛盾，因而油菜在长江流域迅速发展，至清末《冈田须知》记载，已出现了"沿江南北农田皆种，油菜七成，小麦三成"的局面。总之，中国油菜栽培是从小面积上"供作蔬茹"逐步发展到"采苔而食"直至"亦得取子"榨油，始种于北方旱作区，尔后渐次扩展到江南稻区，再后发展形成了我国以黄河流域上游为中心的春油菜区和长江流域为中心的冬油菜区，如今漫山遍野的油菜花已经成为重要景观之一，并发展为旅游文化产业。

中国古代油菜栽培，最初用的是"漫撒"的直播法，到清代中叶，又出现了"点直播"栽培。据《齐民要术》称，黄河流域作菜用的油菜因"性不耐寒，经冬则死，故须春种"，长江流域则可冬播。稻田种油菜多行垄作，以利排水。明代从直播发展到育苗移栽，并采用了摘薹措施，《农政全书》中总结的"吴下人种油菜法"，集中地反映了当时已相当精细的栽培技术，包括播前预制堆肥、精细整地和开沟作垄、移栽规格、苗期因地施肥、越冬期清沟培土、开春时施用薹肥和抽薹时摘薹等。《臞仙神隐书》提出油菜入冬前要锄地壅根，抗寒防冻，若"此月（十一月）不培壅，来年其菜不茂"。《便民图纂》提出春季正值油菜生长期，要"削草净，浇不厌频，则茂盛"，油菜摘心是较为重要的技术措施，"去薹则歧分而结子繁。榨油极多"。油菜要适时收获，可利用其后熟作用，诚如《三农纪》载"获宜半青半黄时，芟之候干""收获宜角带青，则子不落；角黄，子易落。对日芟收易耗，须逢阴雨月夜收，良"。油菜的产量，据宋应星描绘，亩收约在一二石之间，出油率大致为30%~40%，仅次于芝麻、蓖麻、樟树子。

荔枝品种命名

荔枝是典型的异花授粉果树，用种子繁殖很容易产生变异。自野生状态转为人工栽培后，由于条件的改变和人为的干预，产生的变异就更加明显。中国古代历来十分重视荔枝果实形状和品质的变异。到宋代，荔枝品种由于栽培的兴盛而大大增多。但直到南宋后，无性繁殖的发明和推广，才有真正的荔枝品种。

历代记载的荔枝品种繁多，常出现同名异物或同物异名和品种的更替，尤其是一些受到广泛关注的名品。明人邓道协在《荔枝谱》中已经指出："陈紫、游紫本为同生，方红、周红未甚区别，将军即为天柱，野种实是椰钟，七夕何异中元，黄玉原乎邹玉、鳖卵、鹊卵，一物异名。"此种种的混淆现象，需要加以辨名。

部分著名荔枝品种的辨名

妃子笑

妃子笑是国内外著名荔枝品种，早在清代陈鼎《荔枝谱》中已有记载："妃子笑，产佛山。色如琥珀，有光。大如鹅卵。其甘如蜜，其臭如兰。皮薄而肉厚，核小如豆。浆滑如乳，啖之能除口气，使齿牙香经宿。宜乎妃子见之而笑也。止一株，乱离以来，亦为劫灰矣。悲哉！已绝种？"言明妃子笑已在"三藩之乱"时被毁。然而妃子笑真的已经不复存在了吗？

金武祥于清光绪年间所作的《粟香五笔》卷四中提道："第四条妃子笑，吴谱有尚书怀一种，产增城白冈沙一带，又可植盆盎中结实。余阅至此，适汪憬吾孝廉来云：'相传为湛甘泉怀核归植，故名。'尚书怀可对妃子笑也。"这条记载在彭世奖先生的《历代荔枝谱校注》中作为附录也列于陈鼎《荔枝谱》之后。汪憬吾孝廉所述是否有根据呢？据《粤中见闻》卷二十九记载，湛氏从福建怀归者乃"小华山""绿罗衣""交几环"三种，统称为"尚书怀"。可见尚书怀并不是仅指某一特定品种，而是多个荔枝品种的合称。而妃子笑在中国台湾又被称为"绿罗衣"，由此可知妃子笑是尚书怀的一种。

绿罗袍

此外还有一种荔枝名为绿罗袍，与绿罗衣之名十分接近，但实为完全不同的品种。绿罗袍，别名绿罗婆（广西横县马山乡通称），产于广西灵山伯劳、武利、三海、那隆等地，横县、油北等地也有零星栽培。来源于广西灵山，为本地实生变异。与妃子笑的形状差别也很大，果中等大，品质中等，较丰产，适应性强，适于山地栽培。

状元红

再如状元红，争议较大。状元红，又名延寿红，相传为宋元丰间状元徐铎所植，宋人曾巩的《荔枝录》已将状元红列为上品，有"状元红，言于荔枝为第一"的说法。然而清代吴应逵《岭南荔枝谱》却说："状元红最多亦最贱，下品也。"清末金武祥《附录粟香五笔》中也说："状元红特美其名耳，其出最早，定九误为佳品，以比公孙，亦未细考。"认为曾巩将状元红称为佳品是一种谬误。此外，丁香与陈紫又名状元红，如何解释？

笔者认为，状元红仅是对当地品质较高荔枝的通称，它们的果皮一般为红色，形状浑圆，果核细小，口味佳。但各地"状元红"名字虽然相同，却不是同一品种。其中徐燉记载的最为珍贵的当属枫亭所产的"状元红"："枫亭之地宜荔，因擅其名。今驿舍中庭六株，色皆参天，其外数十里，红翠掩映，一望如锦，皆此种也。"其他地区所产荔枝虽也借"状元红"的美名，但品质上终是有相当的差异，故而出现后朝人认为"状元红最多亦最贱，下品也"的言论。而陈紫与丁香应也都是当地的"状元红"。

挂绿

同样造成误解的还有挂绿荔枝。《岭南荔枝谱》中有云："绿萝即挂绿。"绿萝在宋代杨万里诗注中已经出现。杨万里诗注说："绿萝即指挂绿。"又说："五羊荔枝上上者为绿萝。"彭世奖先生在《历代荔枝谱校注》中已经指出，该句绿萝后有"包"字在吴应逵引用时被去掉，故而造成误解。此后诸著作包括《广东荔枝志》《广州农业土特产志》和《中国果树志·荔枝卷》皆将两者混淆，误以为挂绿荔枝早在12世纪以前就已有栽培。

其实，真正的增城挂绿直至清初始有明确记载，见于礼部尚书钱以垲在《岭海见闻》中的记载："新塘去莞四十里，地隶增城，湛甘泉先生所居乡也。有湛氏居傍山麓，林林丛翳，康熙八年偶产一树，以为杂木，欲除之，及花，乃荔枝叶。……其色微红带绿，故名挂绿。"

荔枝品种命名法则

可以说历代荔枝谱的鼻祖蔡襄所著《荔枝谱》奠定了历代荔枝品种命名的基础。对此，陈季卫《蔡襄〈荔枝谱〉研究》一文进行了详细的归纳：《蔡谱》的命名方式大致为荔枝品种名称等于种加词加荔枝，这里的种加词表示荔枝品种和各种属性，不同的种加词构成不同的命名方法。

（1）种加词表示品种的形态特征——形态命名法，如："牛心者，以状言之，长二寸余，皮厚肉涩。""蚶壳者，壳为深渠，如瓦屋焉。""龙牙者，荔枝之变异，若其壳红可长三四寸，弯曲如爪牙而无核。""双髻小荔枝，每朵数十，皆并蒂双头，因以目之。""丁香荔枝核如小丁香，……亦谓之焦核，皆小实也。"

（2）种加词是品种颜色——颜色命名法，如："虎皮者，红色，绝大，绕腹有青纹，正类虎斑。""玳瑁红荔枝，上有斑点，疏密如玳瑁斑，福州城东有之。""朱柿，色如柿红而扁大，亦云朴柿，出福州。""硫黄，颜色正黄，而刺微红，亦小荔枝，以色名之也。"

（3）种加词是品种气味味道——果味命名法，如："水荔枝，浆多而淡，食之解渴。""蜜荔枝纯甘如蜜。"以后的蜡荔枝，小蜡、大蜡、醋瓮等是如此命名的。

（4）种加词是姓氏、人名——姓氏命名法，如宋公荔枝、十八娘荔枝等。《蔡谱》记载："十八娘荔枝，色深红而细长，时人以少女比之，俚传闽王氏有女第十八，好吃此品，因而得名。"

（5）种加词是种植者——官（学）衔命名法，如："将军荔枝，五代间有为此官者种之，后人以其官号其树，而失其姓名之传，出福州。"

（6）种加词是各种种加词的组合——综合命名法。以此种方法命名的荔枝品种数量最多，可分成多种类型：姓氏、人名+颜色，如陈紫、江绿、方家红、游家紫、蓝家红、周家红、何家红等；产地+颜色，如法石白；成熟期+颜色，如中元红等。

而此后的《荔枝谱》和其他荔枝相关著作也基本以此为法则进行命名，如陈定国在《荔谱》中对荔枝品种命名规则的记载："荔名不一，亦如兰菊，族类繁多。如十八娘、大将军、状元红、陈紫、江绿等以人名，金钟、牛心、蚶壳、龙牙等以形，火山、山丹、虎皮、玳瑁、硫黄等以色，法石白、延寿红等以地，绿核、丁香等以核，水荔、蜜荔等以味，满林香、百步香等以香，双髻、钗头以生质之异，中元红、中秋红以时，他尚不可胜纪。"

蔡襄《荔枝谱》一书具有极高的价值，是中国乃至世界果树栽培学方面的第一部专著，早在宋代就已经出现了相对科学的命名体系，且为后世所学习沿用，是十分难能可贵的。但由于时代的局限性，不同时期、不同地域的学者交流有限，可以说是不可避免地造成了荔枝品种命名的混乱。

荔枝品名混杂原因举例剖析

本章第一部分所述种种皆是由于命名法则的不系统、固定，如红绣鞋与十八娘。

十八娘荔枝自古就有美名，"其色深红而细长，时人以少女比之，相传闽王氏第十八女喜食该品种，因而得名"。十八娘"皮薄核小肉厚，甘如琼浆。啖数百颗不厌，虽多食亦不伤脾。糁盐少许，入肾家，能令人精神充溢，肌肤润泽。熟时锦缀枝头，远望如晓霞射目，不觉涎之垂也""核小肉满，如水晶而香"。徐

中国荔枝品种繁多，主要由于其本身具有容易产生变异的特征。

燉《荔枝谱》中收录的黄履康的《十八娘传》与幔亭羽客的《十八娘外传》皆用不短的篇幅赞美它。同时徐燉《荔枝谱》中也记载了红绣鞋："实小而尖，形如角黍（即粽子），核如丁香，味极甘美。传即十八娘种，今惟归义里枕峰山有之。"虽没有记录具体形容，但从红绣鞋一名中可推断必然是色红而长，类似红色绣鞋一般，与十八娘十分相像。红绣鞋与十八娘具体是不是同一品种至今已难以考证，但据徐燉载红绣鞋"传即十八娘种"，两物很有可能就是同一品种，正如陈季卫《蔡襄〈荔枝谱〉研究》中所归纳的，十八娘一名是以人名（类似于种植者）命名，而红绣鞋则是以品种的形态特

征命名。

　　另外，王象晋《二如亭群芳谱·果谱·卷三·壳果类》载："或云物之美好者为十八娘。"这便不能排除其他荔枝品种假借十八娘之美名扩大自身的影响力。如此种种，不胜枚举。

　　再如焦核，《太平御览》卷九七一引竺法真《登罗山疏》中载："荔枝细核者谓之焦核，荔枝之最珍也。"同是《太平御览》卷九七一引刘恂《岭表录异》载："焦核者，性热液甘，食之过度，即蜜浆制之。"焦核的核小而肉厚，口味佳。与上述荔枝品种命名方法相似的是，而在古代荔枝著作中，这些具有焦核特征的荔枝都被归入"焦核"这一品种之下。

　　其中需要说明的是，有人认为良种是难以培育的，宋人洪迈《容斋四笔·莆田荔枝》有所阐述："名品皆出天成，虽与其核种之，终与其本不相类。宋香之后无宋香，所存者孙枝尔。陈紫之后无陈紫，过墙则为小陈紫矣。"《梦溪笔谈》中却认为焦核可以培育："焦核荔子土人能为之。取本木，去其大根，火燔令焦，复植于土。以石压枝，勿令生旁枝，其核自小。"对于这种说法洪迈并不认同，他引用里人所言反驳此观点："此果性状变态百出，不可以理求。或似龙牙，或类凤爪，钗头红之可簪，绿珠子之旁缀，是岂人力所能加哉！"《闽产录异·卷二·果属》中说："焦核多带酸，其种类每因水土而变，百步之内，美恶悬殊，非如他果可以依类而传。"但也认为焦核是可以人工培育的："去其宗根，用火燔过植之。生子多肉而核如丁香。"然而其形状却并不稳定："焦核之树，杂出大核，有一枝而焦核、大核错生者。"可见随着时间的推移，荔枝栽培技术在不断进步，对焦核荔枝繁育的认识也不断加深，从一开始的认为非人力所能加者，到应该可以培育出形状不稳定的具有焦核特征的荔枝品种。但此时所培育的应当还是实生的单株，而不是品质稳定的无性系。

关于荔枝品种的记载最早见于晋人郭义恭的《广志》，有焦核、春花、胡偈、鳖卵等。前三种作鲜果用，鳖卵大而酸，作调味品。唐末广州司马刘恂的《岭表录异》又有火山、焦核、蜡荔枝等品种的记叙。此后诸多《荔枝谱》也是将焦核作为一个品种对待。现代命名体系中则是将焦核作为一种特征，大致可分为无核、焦核、大核等类型，因为荔枝良种繁育技术发展至现代，培育焦核难度不大，人们对该特征的重视程度也就自然下降。古时的上品需要口味好、核小，对核的大小尤其看重；现代对优质荔枝的要求则越来越高，除口味好、核小外，是否容易保鲜等也被纳入评价体系当中，相对而言焦核与否就显得不那么重要了。故查阅现代著作《中国果树志·荔枝卷》不见焦核这一品种，而荔枝名品元红之所以又被称为焦核也是因为该品种符合"焦核"这一特征。《广东荔枝志》已将焦核荔枝划入笑枝类，代表品种为笑枝。其他如大造等品种均属于此类。

如今仍无完整科学的命名体系，品种传承历史尚属混乱，就现有荔枝品种命名情况而言，提出新的命名法则反而会造成新的误区，且古荔枝谱中的品种也将难以考证。笔者认为当以蔡襄《荔枝谱》为基础，对需要做改进处进行完善，以此为基础准则。因在蔡谱之前未有荔枝品种的大量记载，故可减少考证的工作量，规避荔枝品种研究工作中的部分名称错误。

清代农书《救荒月令》所见蔬菜品种变迁

　　中国救荒书卷帙浩繁，今日可考可查的约有280部，实际上流传的救荒书远不止此。其中，清末郭云陞所著农书《救荒简易书》就是其中的一部重要救荒书。该书虽作于近代，但流传不广，所藏皆残本。顾廷龙主编的《续修四库全书》影印本及中国农业遗产研究室所藏线装刻本均只有"救荒月令""救荒土宜""救荒耕凿""救荒种植"四卷，其余部分佚失。因而该书至今未有人进行相关研究，但却有着极高的参考价值，记载了多种前人未记载的作物，对作物性状、特性描绘十分详细，突出其救荒作用，可谓中国古代救荒书的集大成者，并且该书已明显受到西方农业科技的影响，具有承前启后的作用。

　　我国历来夏季蔬菜品种偏少，直到明清之际才最终形成夏季蔬菜格局，从《救荒简易书》第一卷《救荒月令》对各月栽培蔬菜的详细记载中可见一斑。因此，笔者以《救荒月令》为研究对象，对书中所记载的蔬菜相关知识进行梳理、分析，进一步明晰明清夏季蔬菜的品种变迁状况。

　　《救荒月令》是清代郭云陞于光绪二十二年（1896）所著农书

《救荒简易书》的第一卷。郭云陞在自序中说："其一救荒月令，其二救荒土宜，其三救荒耕凿，其四救荒种植，其五救荒饮食，其六救荒疗治，此前半篇文章也，遇小荒年但用空单空本印送各村各镇，斯救荒之能事毕矣；其七救荒质买，其八救荒转移，其九救荒兴作，其十救荒招徙，其十一救荒聊络，其十二救荒预备，此后半篇文章也，遇大荒年即用实财实力推行各城各乡，斯救荒之能事毕矣。"《救荒简易书》成书于清末，该书结构、体例、思路等大致与古农书差别不大，但已明显受到西方农业科技的影响。郭云陞云："（本书）取天地自然之利以利之，用力少而成功多，惠而不费，救荒简易书所操之术也，此其所以不同也。"

《救荒月令》所记载夏季蔬菜既多，且种类也比较罕见。因《救荒简易书》成书于清末，当时我国夏季蔬菜结构已经基本成型，所以纵观该书可知我国明清夏季蔬菜的发展。而《救荒月令》是其中较有特点的一部分，列举正月至十二月可种之谷类及菜类，并对各种作物的名称、性状及种植方法作了介绍，灾情发生时可进行对照，种植救荒作物，简洁明快，有较高的参考价值。

这里需要说明的是，本章所说的"夏季蔬菜"是广义上的夏季食用的蔬菜——在一年中平均气温较高时收获的蔬菜，时间跨度大概从五月开始到九月期间，但不限于月六月、七月、八月栽培供给的蔬菜。而且，部分蔬菜可常年供应，如萝卜、菾菜、蒿菜等蔬菜史料皆有记载。《二如亭群芳谱》萝卜种植解曰："月月可种，月月可食。"关于菾菜，《二如亭群芳谱》曰："春不老菾菜四时皆可种。"据《农政全书》记载：同蒿菜（蒨荽菜、菠菜）四时皆可种而种之也。在这里也作为广义的夏季蔬菜。

《救荒月令》中记载正月下种的夏季蔬菜不多，共七种：蚕豆正月种，小满熟；豌豆正月种，小满熟；小扁豆正月种，芒种熟；南瓜立春日种，芒种夏至可食；笋瓜（笋瓜）立春日种，芒种夏至可食；假南瓜立春日种，芒种夏至可食；搦瓜立春日种，芒种夏至可食。假南瓜《救荒月令》载"亦笋瓜之类也"，那应该也是南瓜属植物，笔者推测可能是西葫芦，或是西葫芦的变种搅瓜。"搦瓜与西瓜同类而异种，一名打瓜，一名撮瓜"，打瓜是子用西瓜。

《救荒月令》中记载二月下种的夏季蔬菜：和正月同，即蚕豆，小满后五日熟；豌豆，芒种后五日熟；小扁豆，芒种后五日熟；南瓜，小暑即可食也；笋瓜，小暑即可食也；假南瓜，小暑即可食也；搦瓜，小暑即可食也。

《救荒月令》中记载三月下种的夏季蔬菜，除了和正月、二月相同的蚕豆（夏至后一日即熟）、南瓜（大暑可食）、笋瓜（大暑可食）、假南瓜（大暑可食）、搦瓜（大暑可食）五种外，多出了豇豆、菜角豆、青茄菜、紫茄菜四种蔬菜。一二月均有记载的豌豆、小扁豆三月已不宜下种。豇豆"处处有之，谷雨前后种者六月便熟，再种之，一年可两收"。菜角豆又名刀豆。青茄菜、紫茄菜均为茄子品种。

除芥蓝原产中国外，各甘蓝变种均原产地中海沿岸。

《救荒月令》中记载四月下种的夏季蔬菜数量骤然增多，如蚕豆、红子豇豆、白子豇豆、华鳌子豇豆、长秧菜角豆、短秧菜角豆、圆蔓菁、长蔓菁、山蔓菁、洋蔓菁、出头白萝卜、埋头白萝卜、多汁白萝卜、无汁白萝卜、圆蛋白萝卜、黄色胡萝卜、红色胡萝卜、油菜、擘蓝菜、春不老菘菜、莙荙菜、莙荙菜、冬葵菜、扫帚菜、尖叶苋菜、圆叶苋菜、南瓜、笋瓜、假南瓜、搦瓜、罂粟苗菜、红花苗菜、蒝荽菜、茼蒿菜、菠菜等。

擘蓝菜，学名球茎甘蓝。春不老菘菜，一种大白菜。莙荙菜是叶用甜菜。冬葵菜，古之百菜之主，今又称冬苋菜。蒝荽菜，即香菜。洋蔓菁标准名称是芜菁甘蓝。《救荒月令》中四月下种的夏季蔬菜很多并不是在四月第一次出现，《救荒月令》四月以前的月份已有记载，也就是正月、二月、三月均可栽培，正如《二如亭群芳谱》曰："春不老菘菜四时皆可种。"《农政全书》曰："菠菜四时皆可种而种之也。"但皆因为收获过早，不算作夏季蔬菜。到了四月，这些蔬菜则是"四月种，五月可食"，所以在此时归为夏季蔬菜。红子豇豆、白子豇豆、华鳌子豇豆、长秧菜角豆、短秧菜角豆在《救荒月令》载："大暑即熟，小暑嫩角可食也。"南瓜、笋瓜、假南瓜、搦瓜，在四月下种，已经不是最佳时间，但仍然可以种植。《农政全书》种瓜篇曰："二月上旬种为上时，三月上旬为中时，四月上旬为下时，五六月上旬可种藏瓜。"关于油菜栽培的记载亦是如此，"油菜四月种，救荒权宜之法也，非荒年不可种"。

《救荒月令》中记载五月下种的夏季蔬菜与四月基本相同，如蚕豆、快豇豆、快菜角、圆蔓菁、长蔓菁、山蔓菁、洋蔓菁、出头白萝卜、埋头白萝卜、多汁白萝卜、无汁白萝卜、圆蛋白萝卜、黄色胡萝卜、红色胡萝卜、油菜、擘蓝菜、春不老菘菜、苜蓿菜、莙荙菜、冬葵菜、扫帚菜、尖叶苋菜、圆叶苋菜、快南瓜、快笋瓜、快假南瓜、快搹瓜、罂粟苗菜、红花苗菜、蒺藜菜、茼蒿菜、菠菜。

而蚕豆、快豇豆、快菜角、快南瓜、快笋瓜、快假南瓜、快搹瓜等，作为夏季蔬菜并不适合五月下种，《救荒月令》中也认为，五月下种，实为"救荒权宜之法也"。从以上蔬菜中的"快"字也可看出，培养期短，应该属于生长不完全的蔬菜。油菜、扫帚菜"五月种，救荒权宜之法也"。苜蓿菜五月栽培也不是最佳的时间"必须和黍种之，使黍为苜蓿遮阴。以免烈日晒杀"。莙荙菜五月种"必须和麻种之，使麻为莙荙遮阴。以免烈日晒杀"。

其他蔬菜基本为"五月种，六月可食"，没有时间不适宜一说。

《救荒月令》中记载六月下种的夏季蔬菜在五月的基础上有所减少，有如蚕豆、圆蔓菁、长蔓菁、山蔓菁、洋蔓菁、出头白萝卜、埋头白萝卜、多汁白萝卜、无汁白萝卜、圆蛋白萝卜、黄色胡萝卜、红色胡萝卜、油菜、擘蓝菜、春不老菘菜、苜蓿菜、莙荙菜、冬葵菜、扫帚菜、尖叶苋菜、圆叶苋菜、罂粟苗菜、红花苗菜、蒺藜菜、茼蒿菜、菠菜、黄菘菜、白菘菜、黑菘菜、面菘菜等

胡萝卜原产于亚洲西南部，阿富汗为最早演化中心。

蔬菜。蚕豆六月种，救荒权宜之法也。其他六月下种的夏季蔬菜记载皆为"六月种，七月可食"。苜蓿菜、莙荙菜需"必须和荞麦种之，使荞麦为苜蓿（莙荙）遮阴，以免烈日晒杀"。扫帚菜、尖叶苋菜、圆叶苋菜、罂粟苗菜、红花苗菜，已经错过最佳种植时间，"救荒权宜之法也"。而在六月新出现了一批菘菜，也就是白菜的不同品种。《救荒月令》记载"黄菘菜即黄芽菜，盖种秋黄芽也""白菘菜即白菜，盖种秋白菜也""黑菘菜古人呼为乌菘菜，今人呼为黑白菜，盖种早黑白菜也""面菘菜出济南府土人呼为麦白菜，能当饭吃，盖种秋麦白菜也"。

四季豆（菜豆）原产于中南美洲，在豆类作物中栽培面积仅次于大豆。

《救荒月令》中记载七月下种的夏季蔬菜与六月完全一样，均是"七月种，八月可食"。《救荒月令》中记录的八月下种夏季蔬菜：蚕豆、豌豆和小扁豆"八月种，嫩苗九月可食也"；圆蔓菁、长蔓菁、山蔓菁、洋蔓菁、出头白萝卜、埋头白萝卜、多汁白萝卜、无汁白萝卜、圆蛋白萝卜、黄色胡萝卜、红色胡萝卜、油菜、擘蓝菜、春不老菘菜、苜蓿菜、莙荙菜、冬葵菜、罂粟苗菜、红花苗菜、蕨荙菜、茼蒿菜、菠菜、黄菘菜、白菘菜、黑菘菜、油菘菜、面菘菜等均是"八月种，九月可食"。

以上为《救荒月令》所记载的夏季蔬菜，纵观笔者罗列，可知《救荒月令》记载极为精细，将同一蔬菜的不同品种进行了明确的记载，如蔓菁、萝卜、白菜、南瓜等，均记载了该类蔬菜的不同品种。较其他农书而言更加详细全面，而且按照时间顺序罗列，推广价值也更大。但不足之处亦有之——郭云陞作此书时基本取材于周边。因郭云陞是河南人，所以《救荒简易书》中大量引用河南、河北、山东等周边地区农民的农业生产经验，文中大量出现"滑县老农""长垣老农""祥符老农"等河南地区老农的种植经验，以及"直隶老农""山东老农"等的种植经验，可见作者虽然对河南及附近地区的调查进行得颇为详细，但由于受地域限制未进行全国的大范围调查，因此记载难免会有所缺失或受到地域差异而有所偏颇，如典型的夏季蔬菜番茄、丝瓜并未进行记载。另外，本书作为救荒书，郭云陞坦言"为救荒而作"，因此非救荒类蔬菜不会记载其中，亦如夏季蔬菜辣椒，只字未提。即便如此，《救荒月令》对夏季蔬菜记载仍然是十分全面的，由此可见明清夏季蔬菜的发展状况和以茄果瓜豆为主的夏季蔬菜结构。

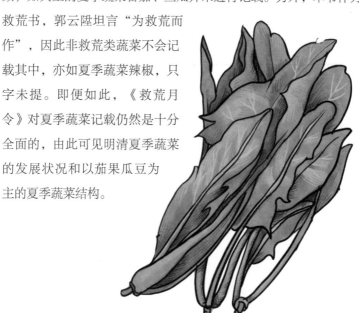

菠菜，多称"菠棱菜"，取义由尼泊尔（颇棱国）传来。

外来作物篇

海外作物的引进

    海外作物，又称域外作物、外来作物，顾名思义，即非中国原产、起源于国外的农作物。由于不同历史时期中国疆域不断变化，便很难界定个别作物到底是否属于外来，但一般而言，以今天的版图为准，少数民族地区作物我们不作为海外作物视之。

"海外作物"悖论

    首先，如何判断某一作物是否为海外作物？经常有人撰文认为有的海外作物起源于中国，特别是在学术环境、资讯传播情况不尽如人意的20世纪，并罗列证据，比如认为"红薯""花生""南瓜"等名词似乎在1492年之前的古文献中都出现过，以此来论证这些作物起源于中国。

    实际上这多是狭隘的民族主义在作祟，完全是子虚乌有的。其实，中国地大物博，由于各种因素导致植物名称中的同名异物和同物异名现象非常常见，以及中国古籍经常出现后人托名前人伪造文本的现象，所以研究者稍有不慎就会掉入圈套。我们要判断某一植物起源于某处，应当具备三个条件：第一，有确凿的古文献记载；

第二，有该栽培植物的野生种被发现（少部分作物不适用此项）；第三，有考古材料支撑。三者缺一不可，否则便是孤证，即使有的考古发掘看似很权威了，也不可盲从。20世纪60年代的浙江钱山漾遗址中就发现了"花生""蚕豆"和"芝麻"，后来被证明是认定错误，可见考古报告出现错误的例子是不少的。

此外，尚有一小撮人坚持中国人在哥伦布之前就抵达美洲，因此美洲作物虽不是中国原产，但抵达中国的时间应该早得多，他们是孟席斯、李兆良等的追随者，虽然多次有人对他们的言论发起了抨击，但是这种观点依然屡见不鲜，譬如新近李浩（2018）撰文认为14—15世纪美洲主要作物也开始在中国方志、本草等书籍中大量出现。殊不知其所谓的证据《饮食须知》是一部清人托名的伪书，《滇南本草》抄本形式流传后人串入甚多，至于明弘治《常熟县志》的"花生"其实是土圞儿，景泰《云南图经志》中的"蕃茄"也不能证明就是西红柿。

海外作物名录

中国现有作物有1100多种，主要作物有600多种，这其中一半左右是海外作物。海外作物传入中国可分为五个阶段：先秦、汉晋、唐宋、明清以及民国。先秦从属前丝绸之路时代，代表性作物如麦。汉晋时期传入作物多冠以"胡"名，如胡麻（芝麻）、胡荽（香菜）、胡桃（核桃）、胡蒜（大蒜）、胡葱（蒜葱）、胡瓜（黄瓜）、胡豆（豌豆）、胡椒等，当然并非所有此时进入中国作物均将"胡"作为前缀，也并非带"胡"字的作物均是海外作物，更不是"胡"都是来自西域，比如胡椒就是来自印度。唐宋时期传入作物常冠以"海"名，海棠、海枣（椰枣），但更多无"海"。明清则突出了"番"字，如番麦（玉米）、番薯、番茄、番瓜（南瓜）、番豆（花生）、西番葵（向日葵）、番椒（辣椒）、番梨（菠萝）、番木薯（木薯）、西番莲、番荔枝、番石榴、番木瓜等，倒是以"番"占了主体。进入近代，"洋""西"则成了主要特色，洋芋（土豆）、洋白菜（结球甘蓝的再引种）、洋葱、洋蔓菁（糖用甜菜）、西芹、西蓝花等。具体见下表。

历代引入中国的主要海外作物

时期	引入中国的作物
先秦	大麦、小麦、甘蔗等
汉晋	高粱、芝麻、香菜、核桃、大蒜、大葱、黄瓜、豌豆、胡椒、安石榴、葡萄、茴香、莳萝、荸荠、扁豆、亚洲棉、茄子、榅桲、苹婆、诃黎勒等
唐宋	占城稻、海棠、海枣、西瓜、丝瓜、菠萝蜜、莴苣、胡萝卜、菠菜、茼蒿、刀豆、开心果、无花果、巴旦杏、蚕豆、油橄榄、柠檬、钩栗、苦瓜、罂粟、亚麻、洋葱、"金桃"、球茎甘蓝等
明清	玉米、番薯、土豆、南瓜、菜豆、莱豆、笋瓜、西葫芦、木薯、辣椒、番茄、佛手瓜、蕉芋、花生、向日葵、烟草、可可、美棉、西洋参、番荔枝、番石榴、番木瓜、菠萝、油梨、腰果、蛋黄果、人心果、西番莲、豆薯、橡胶、古柯、金鸡纳、结球甘蓝、芒果、荷兰豆等
近代	糖用甜菜、花椰菜、西芹、西蓝花、苦苣、西洋苹果、草莓、咖啡等

可见汉晋、唐宋、明清三个阶段最为重要。汉晋基本均为陆路，且以西北丝路为主要渠道，兼有蜀身毒道引自印度，个别小众作物从海上传入；唐宋陆海并重，显示了此时路径的多元化；明清

以降则是以海路为主，反映了海外作物来华海路愈发重要。长时段来看，由于夏季蔬菜的缺乏，海外作物的引种以蔬菜为主，兼及果品，偶有个别粮食作物传入。地理大发现之后，来自美洲的粮食作物、菜粮兼用作物提升了粮食作物的占比。当然，明清以来折射的是作物品类的更加多元化，奠定了今天的农业地理格局。

上表仅是一些主要的海外作物，更多的不胜枚举。笔者之所以不厌其烦地列举，除了达到名目更加清晰的目的之外，也是为了便于下文叙述，因为目前作物史的文本书写主要还是围绕上述作物展开的。

陆海丝绸之路

传统社会几乎所有的物种交流都是发生在陆海丝绸之路上。丝绸之路是中外交流的桥梁，中外文明在丝绸之路上交织与碰撞，这也是一直以来中西文化交流的主要研究内容，如海外作物传入中国引发饮食文化、物质生活的变革。

丝绸之路是双向互动的，所以虽然中国的作物对世界也产生了重要影响，但是海外作物对中国的影响更有甚之，中国得益于早期全球化的成果，中国人从口腹到舌尖都是外来作物的受益者。我们都讲多元交汇和精耕细作共同打造了中国的农业文明，前者尤其可见中国的包容性，正是因为化外物为己用，才使得文明赓续延绵。

海外作物传入传统中国，自然通过陆海丝绸之路。路上丝绸之路（包括前丝绸之路时代）从未断绝，它们主要通过使臣遣返、商旅贸易、多边战争以及流民移民等途径进入中国。西北丝路有其不

明清时期西红柿多作观赏植物。

稳定性，经常被战乱或北方少数民族的侵扰影响，如"永嘉之乱""安史之乱""靖康之乱"，特别是中唐以来，吐蕃崛起、西夏回鹘割据，控制了陇右和河西，西北丝路受到了阻断，是故西北丝路以前半段（汉、唐）为主，传入大量中亚、西亚乃至欧洲、非洲作物。

海上丝绸之路南海航线形成于秦汉之际，即前200年左右，徐闻、合浦和日南（今越南）成为海丝路的最早始发港。海上丝路在前半段一直稳步发展，至迟在东汉就已经有海外作物经海路传入。伴随着西北陆路的衰弱，加之经济重心南移，以及航海技术的发展、海运本身的优势，海上丝路愈发重要，传入作物的数量也是非常可观。直至葡萄牙人1511年占领马六甲，中国逐渐失去海上丝路的话语权。此外，海上丝绸之路是否就等同于海路？两者是不能画等号的，1840年后中国远洋航线被迫转型为近代国际航线。因此，就本章来说，"海路"比"海上丝绸之路"更为贴切，因为近代以来传入作物并不少，虽然多数是中国本土作物的"回流"以及早已传入的海外作物的新型品种。

多路线问题

关于海外作物的研究发展到今天已经堪称显学，研究成果满坑满谷，研究面相多种多样。回归到本章，我们自然是主要关注海外作物的引种时间、路线、传入人三大基本问题，这是长期以来关于海外作物关注度最高的问题，毕竟厘清了这些，才能进一步追问其他问题。

但是，实际上海外作物来华的三大基本问题，并不存在单一线性的解释。首先，海外作物来华在同一时期往往存在着互不相干的多条路径，即使是同一路线一般还会诞生出多条次生传播路线。几大丝路均存在这种可能性。

其次，即使是同一地区，作物经常要经过多次的引种才会扎根落脚，其间由于多种原因会造成栽培中断，这就是我们常见的文献记载"空窗期"，中间甚至会间隔数个世纪。

再者，初次传入种一直局限于一隅并未产生重大影响，末次新品种由于驯化优势明显，传入后实现了对其的排他竞争。这可以解释一些海外作物长期传播缓慢，突然在某一个时段内爆发式传播。

最后，即使某一作物确实系中国原产，由于作物的多元起源中心（与作物起源一元论并不矛盾，因为作物往往存在着次生小中心），同样的作物不同的品种可能再传中国，即使仅存中国中心，他国驯化新品种亦能"回流"入华。

总之，上述四点都提示我们关于海外作物来华的路线要特别谨慎，回归到本章，特别需要注意的就是即使一些海外作物传入的传统观点认为首次经由陆路来华，但是不代表其后续没有通过海路来华的可能性，这是海外作物海路传播问题需要细致入微考察的。

海外作物的贡献

海外作物的贡献，学界讨论颇多，以王思明教授的研究最有代表性。按照王思明教授的经典论述，主要影响有：一是缓解人地矛盾，满足了日益增长的人口需求；二是强化男耕女织模式，满足中国人的衣着需求；三是促进商品经济发展，有助于增加农民收入；四是增加优良饲料作物种类，极大促进畜牧业的发展；五是丰富中国蔬菜瓜果的品种，增添人们的食物营养和饮食情趣；六是增加食用油原料种类，丰富中国食用油的品味；七是拓展土地利用的时间与空间，有助于提高农业集约经营的水平；八是吞云吐雾，吸烟成为一种社会习惯。大体上是没有问题的，本章不再赘述。

究竟何人传入番薯？

番薯原产中美洲，学名甘薯 [*Ipomoea batatas* (L.) Lam]，别名常见有红薯、山芋、地瓜、红苕、白薯等，至少在40种以上。中国长期占据番薯第一大生产国和消费国的地位，番薯作为大田作物的重要性不言而喻，实际上历史时期番薯也是颇受王朝国家、地方社会与升斗小民青睐的"救荒第一义"。番薯在传入中国的美洲作物中颇为特殊，最早（明万历年间）地发挥了粮食作物功用，也是美洲作物中唯一拥有多部农书、清乾隆帝亲自三令五申劝种的作物。

番薯早期入华史不乏各色故事，趣味性强，让它可以说是最具有奇幻色彩、传奇情节的美洲作物乃至外来作物。其中不乏惊心动魄的天方夜谭，因为历来在坊间流传着关于番薯的种种故事，在网络文学、快餐文化流行的今天，更是颇具神奇色彩，经由写手添油加醋之后，传说不断层累，达到了让人瞠目结舌的地步，用西方奇幻三巨头之一《时光之轮》开篇语来概括最为合适不过："世代更替只留下回忆，残留的回忆变为传说，传说又慢慢成为神话……"虽然这些传说笔者多数可以证伪，但作为一种历史书写，有必要将之展现给读者，交由读者自行判断。

番薯入华问题的来龙去脉

就番薯传入观点而言，对番薯传入我国的时间，学术界比较一致的意见认为是16世纪末或明万历年间，然在具体年限上，也有人认为在万历二十一年（1593）福建商人陈振龙从吕宋岛运回薯种之前，番薯已传入我国。陈文华《从番薯引进中得到的启示》（《光明日报》1979年2月27日）指出："早在万历二十一年以前，红薯已传入东莞、电白、泉州、漳州等地。"代表了学界的一般观点。

近代以前，对番薯入华还是勉强可以达成基本共识的，虽然通晓人数不多、传播范围有限，依然可以说存在主流观点。

明万历二十二年（1594）福建大荒，之后番薯第一次载入万历《福州府志》："番薯，皮紫味稍甘于薯、芋，尤易蕃郡。本无此种，自万历甲午荒后，明年都御史金学曾抚闽从外番匀种归，教民种植，以当谷食，足果其腹，荒不为灾。"就是说在1594年大旱之后，番薯进入福建民间的视野，特别在当时的巡抚金学曾的努力下，从域外引入番薯，教百姓按法种植，不仅缓解了灾荒，在日后一逢灾荒，也发挥了救荒奇效。万历《福州府志》的叙事有时间、有地点、有人物、有过程，相对可信，而且万历《福州府志》是当时的福州府知府喻政任总编，著名文人林烃、谢肇淛具体编写，刻于万历四十一年（1613），代表官方话语体系，可以说暂且已经没有疑义。因此，该主流观点入清以来也得到了继承，至少在福建人看来确实是如此。上述写法在近代也得到了部分继承，可能是单纯抄袭，也可能此观点影响过大，一直有人坚信如此。

清乾隆以来，叙事内容发生了些许变化，这种变化是由于乾隆四十一年（1776）陈世元辑录《金薯传习录》激起的涟漪。番薯集大成专书《金薯传习录》详细描述了番薯入华的过程，《金薯传习录》保存了明万历二十一年（1593）《元五世祖先献薯藤种法后献番薯禀帖》，详细记载了陈世元六世祖侨胞陈振龙万历二十一年从菲律宾引种番薯，并得到福建巡抚金学曾支持推广的经过。

简单地说，就是陈经纶说他的父亲陈振龙在菲律宾做生意比较久了，按我们今天的话来说就是华侨了，可能几年也不回一次家，仅通过侨批（银信）与老家保持联络。陈振龙在菲律宾发现了一个叫"朱薯"的东西（"朱薯"这个名称不排除是陈振龙或陈经纶发明的），好处多多，想到"八山一水一分田"的福建老家，见多了民间疾苦，也正是因为福建地狭人稠，所以福建人特别具有海外开拓精神，以前是遍布南洋，现在更是遍布全世界。陈振龙心想如果能引种到老家，该多好啊！于是偷偷买了些并向当地人学习种植方法，带回福建。

事情的来龙去脉非常清楚，又保存了金学曾的批复，证据确凿。这是非常符合逻辑的，毕竟金学曾贵为一省巡抚，不可能亲自将番薯引入，具体由何人实施，不可能也没有必要书写。再说陈振龙不过是海外侨商，其子陈经纶仅仅是生员，地位低微，方志不表，乃意料中事。时过境迁无人知晓，不过归功于金学曾也并无不妥，毕竟金学曾亲自主持推广，"因饬所属如法授种，复取其法，刊为《海外新传》，遍给农民。秋收大获，远近食裕，荒不为害，民德公深，故复名金薯云"。金学曾根据种植经验写就了《海外新传》这部番薯推广的技术手册，挽救了福建的粮荒，人民对金学曾感恩戴德，将番薯命名为"金薯"。

清乾隆以后，多数颂扬均是同时献给金学曾与陈振龙的，如道光十四年（1834）福州人何泽贤建先薯祠，先薯祠上书："上祀先薯（即先穑之意）及万历间巡抚金学曾配以长乐处士陈振龙、振龙子诸生经纶、国朝闽县太学生陈世元。"类似记载不乏对金学曾、陈振龙的歌颂，一直流传在清至民国福建方志中。

民国以来，番薯影响日增，对其起源与流布问题的讨论提上日程，万幸有人目睹过《金薯传习录》或在方志中发现过蛛丝马迹或通过口口相传了解过基本情况，所以关于番薯入华的基本情况，基本上还是认同"陈振龙引入，金学曾推广"这样的传统观点。

其他观点并非主流，1915年《辞源》初版就是其中之一，一改往日之旧说（料想并未目睹《金薯传习录》，民国时期此书已近失传），首次提出"其种本出于交趾，吴川人林怀兰尝得其种以归，遍种于粤，因不患凶旱，电白县有怀兰祠，题曰番薯林公庙"的观点，或是撰写条目者为广东人，即使并未目睹确凿文献，但知悉家乡林怀兰引入番薯的传说。梁方仲（1939）凭借扎实的文献功底，首次提出番薯从菲律宾引入先登陆福建漳州的观点，同时继承了番薯从越南引入广东电白的观点。吴增（1937）发现《朱薯疏》（实为《朱蓣疏》），整理出新的路线，即早于陈振龙近十年到福建晋江的线路。

万国鼎不知从何处知晓了一条新的路线，即陈益从越南引入广东东莞。《金薯传习录》也引起了郭沫若的注意，他1962年来闽目睹该书，1963年在《人民日报》上高度评价陈振龙的功绩，导致

1979年《辞源》修订版都调整了说法："明万历时由吕宋引进，初仅在广东福建一带种植，后几遍及全国。"

何炳棣在20世纪50年代又提出番薯等美洲作物独立从印度、缅甸一带引入云南的观点。至此，番薯入华几大登陆地福州、漳州、泉州、电白、东莞、云南基本定型，后来还有一些其他观点如明洪武苏得道从苏禄国引入泉州晋江、万历浙江普陀从日本引入，均有一定的影响。

番薯入华史料辨析

综上所述，我们可以发现番薯入华，并非一人之功劳，而是经过多人、多路径（可能有的人还是多次）引种最终完成的本土化，不同渠道之间的区别仅仅在于影响大小、时间早晚。因此，一般论及番薯入华问题，学界一般博采众长，逐一罗列，至少肯定福州、漳州、泉州、电白、东莞、云南其中的三条乃至更多线路，这样处理是最稳妥和全面的，已经成为了金科玉律般的"标准答案"。20世纪还有人对其中的部分线路有不同的观点，21世纪以来已经趋同般地人云亦云。

那么，看似已经没有讨论的必要了，其实如果仔细思考，便会勾连起强烈的问题意识。作物传播的多路线是一个基本常识，所以理论上番薯引种路线确实可能存在多条，但是番薯传入的问题在于路线过多、太过细致、叙述过晚。

从菲律宾到福州长乐

即陈振龙一线。学界公认该线路影响最大，因为得到了金学曾全省范围的推广。质疑的声音不是没有，但基本难以成立，如朱维干（1986）认为何乔远在《闽书》中未曾记载金学曾此事，因此认为金学曾觅种一事纯属伪造，后有个别人附和此观点，影响甚微。毕竟有明万历《福州府志》等文献相互参照，不容置疑。至于《闽书》失于记载，这是文献学的基本常识，是否方志就要事无巨细地记载一地全部大小事务？答案是否定的，《闽书》中未记载的中国本土作物多矣，当然不代表它们就不存在于当地。诚如谢肇淛参与编纂万历《福州府志》，对金学曾颇为推崇，但其《五杂组》并未提及金氏半点。

唯我们对《金薯传习录》中《元五世祖先献薯藤种法后献番薯禀帖》记载的"此种禁入中国""捐资阴买"持有疑问，未见其他佐证材料，美洲作物多矣，未闻其他有此情形。如果番薯真具有"禁入中国"的价值，可以料想，中间商西班牙早就用来牟利了。况且菲律宾"朱薯被野"，也是无法限制住的，不排除陈家刻意为之抬高自己的可能性。

再者，对于番薯入华的流程，后世也是充满了想象，始作俑者可能是徐光启。徐光启道听途说"此人取薯藤，绞入汲水绳中，遂得渡海"，藏到了汲水绳中，很有创造性，似乎比当事人知道的都清楚、都离奇。在不断流传的过程中又滋生了新的想象，步步层累，演变成铁一般的事实。最好笑的是在当下网文流行的年代，在写手的笔下，从菲律宾到福州长乐这样一条普通的路线，已经充满了玄幻色彩，让人瞠目结舌了，这些，其实基本都是假的。

从菲律宾到泉州晋江

见于苏琰《朱薯疏》，但早已不存，今人仅靠清人龚显曾《亦园脞牍》辑录得以窥见一斑。

明万历间，侍御苏公琰《朱薯疏》，其略曰：万历甲申、乙酉间，漳、潮之交，有岛曰南澳，温陵洋泊道之，携其种归晋江五都乡曰灵水，种之园斋，苗叶供玩而已。至丁亥、戊子，乃稍及旁乡，然亦置之硗确，视为异物。甲午、乙未间，温陵饥，他谷皆贵，惟薯独稔，乡民活于薯者十之七八，繇是名曰朱薯。

近人对《朱薯疏》的认识都是来源于《亦园脞牍》，但《亦园脞牍》本身就是再加工，"其略曰"已经不言而喻了，能在多大层面上忠实文本，要画一个问号。

幸甚，我们发现中国科学院自然科学史研究所图书馆藏《金薯传习录》，与中国农业出版社影印福建省图书馆藏"丙申本"（该刻本封面正题：乾隆丙申删补，即清乾隆四十一年刻本，我们称之为"丙申本"）不同，竟然保存了《朱薯疏》全文，尚无人使用。

大略意思为：1593年，有向何氏九仙祈梦的人，问天下何时太平，何氏九仙说"寿种万年宝，升平遍地瓜"，到1594年真的如此。原来，在1593年冬季铜钱已经没有宋代的了，开始用明万历通宝，同时1594年开始大家纷纷开始种植番薯。有福州船从泉州出海，有个叫陈振龙的人从菲律宾获得了番薯种，装在篮子里带了回来，回来的船上有泉州人知道这件事求得了一些种子，种在晋江县五都乡灵水这个地方，刚开始就是种着玩玩，也可能种植不得要领，番薯就是比手指大一点而已，1596年、1597年延伸到了附近的乡镇，然而仅是种在贫瘠的土地上，当成"异物"。

从内容上来看，笔者认为这个记载还是相当可信的，符合逻辑。首先这段没有夸大番薯的影响（产量、传播速度等），这是一个新作物应有的情况；其次1594年福建大旱，主要集中在福建北部地区，福建南部情况稍好，所以可以解释"丙申、丁酉稍稍及旁乡，然亦仅置之碱确，视为异物"；再次说的是陈振龙"挟小篮中而来"，大摇大摆，没有藏着掖着，这也呼应了前文笔者质疑的"此种禁入中国""捐资阴买"。

《金薯传习录》完整还原了《朱薯疏》，对比《亦园脞牍》发现两者引种时间与路线有重大差异。《亦园脞牍》之说是早在明万历十二年（1584），番薯就由泉州人从南澳岛携归，与陈振龙毫无干系，且比之提前九年。《金薯传习录》之说则是陈振龙归来船上，泉州人求种携归，换言之，从菲律宾到泉州晋江线其实是从菲律宾到福州长乐线的支线，主角是陈振龙。

对照《金薯传习录》中《朱薯疏》全文，《亦园脞牍》剪裁、拼接了文本的顺序，并大面积缩写，比较而言《金薯传习录》更加可信，在时间、主角问题上孰是孰非？我们倾向于《金薯传习录》，事件过渡更加自然、合理。

从菲律宾到漳州

明万历《惠安县续志》说："番薯，是种出自外国。前此五六年间，不知何人从海外带来。初种在漳，今侵泉、兴诸郡，且遍闽矣。"该书由黄士绅修于万历三十九年（1611），万历四十年刻，"前此五六年间"，也就是万历三十三年、三十四年，此时距离万历二十一年陈振龙引入、万历二十二年金学曾推广已经过去了十余年，很有可能并非独立引入而是借由金学曾推广。"初种在漳"也并不能说明就是从海外引入到漳州，漳州地处闽东南，很可能并不清楚闽东北福州发生之事或漳州确系闽南一带最先从福州引种番薯，方有"初种在漳"之话语。

结合《朱薯疏》原文，番薯由陈振龙从洋船通商必经之地——漳州、潮州之交的南澳岛引入番薯，既然可以带入泉州，传入毗邻之漳州也在情理之中。从明万历《漳州府志》的记载来看，"漳人初得此种，虑人之多种之也。诒曰：食之多病。近年以来，其种遂胜"，番薯在漳州的普及速度也远不及福州，不似福建最早。

持番薯最早登陆漳州观点的文献，最典型的当属周亮工撰《闽小记》："万历中，闽人得之外国……初种于漳郡，渐及泉州，渐及莆，近则长乐福清皆种之。"其实，仔细比勘便可发现，关于番薯的记载，周亮工完全抄袭、加工自何乔远撰《闽书》，但何乔远只表"万历中，闽人得之外国"，并无"初种于漳郡"诸语，"初种于漳郡"完全是周亮工想象与建构的，这种谬误又被后世文献继承。

最有趣的是，民国时期已经具体到特定人物张万纪头上了，《东山县志（民国稿本）》："本邑之有番薯，始于明万历初年。据张人龙《番薯赋》其序云：……薯之入闽，盖金公始也，五都之薯，自万历初，铜山寨把总张万纪出汛南澳，得于洋船间。"这与"盖金公始也"明显自相矛盾，但不是没可能漳州之薯在南澳岛来自陈振龙。我们目及2005年修《樟塘村张氏志谱》又将此事写进家谱，可见地方文献创作的微观过程，后来《闽南日报》等媒体干脆称东山岛是番薯首次传入到中国之地、张万纪是番薯传入第一人了。

从苏禄国到泉州晋江

李天锡（1998）根据发现的民国三年（1914）修《朱里曾氏房谱》，认为明洪武二十年（1387）番薯已从菲律宾引入晋江苏厝。之所以无人附和，因为这是与常识相悖的，美洲作物不能在哥伦布发现新大陆之前就流布旧大陆，持此观点之人与郑和发现美洲诸说一般无二，吊诡的是学术研究发展到今天反而有人天马行空，这与翻案史学一样，是值得我们警惕的。

除了时间上的硬伤之外，孤立地看《朱里曾氏房谱》其他"史实"，确实很难辨。这也是类似家谱这种地方文献不宜轻易相信的原因。根据田野经验，家谱一类多夸大功绩、隐蔽过失，新谱较老谱可信度更低。因此，通过区区民国家谱的孤证，当然无法回溯明代之情形。一定要结合其他史料，史料互证，这里所谓的其他史料也需要是直接记载，而非间接描述，如陈振龙一线之记载这般方可。

从印度、缅甸到云南

美洲作物通过"滇缅大道"自西南边疆传入中国确实是一条可行路线，西南土司借此朝贡甚至可以直接将之输送到中原地区，这也是何炳棣最早提出番薯首入云南的根据，后人多有附和，特别是云南学者。但是与东南海路的普遍性不同，只有部分美洲作物如玉米、南瓜等是通过该条路线传入。旧说认为明嘉靖《大理府志》、万历《云南通志》所载临安等四府种植的"红薯"即为番薯，此说后经杨宝霖（1982）、曹树基（1988）批驳，"红薯"多指番薯不假，但在入清之前基本都是薯蓣，苏轼都曾有"红薯与紫芋，远插墙四周"之诗句。21世纪韩茂莉（2012）综合分析之后，该路线的不存在已经盖棺定论了。总之，一个明显的结论就呼之欲出了——云南番薯是随着西南移民潮而来的，其源头也是东南海路。

从越南到东莞

清宣统《东莞县志》引《凤岗陈氏族谱》：

> 万历庚辰，客有泛舟之安南者，陈益偕往，比至，酋长延礼宾馆。每宴会，辄馔土产日薯，味甚甘，益觊其种，贿于酋奴，获之，未几伺间遁归。以薯非等闲物，栽种花坞，久蕃滋，掘啖美，念来自酋，因名番薯云。

我们并未目睹《凤岗陈氏族谱》原文，但杨宝霖目及族谱原本，肯定为清同治八年（1869）刻本，《凤岗陈氏族谱》记载更加曲折："酋以夹物出境，麾兵逐捕，会风急帆扬，追莫及，壬午夏，乃抵家焉。"因此，杨宝霖等坚信陈益为番薯传入第一人，观点一直较有影响力。

即使《凤岗陈氏族谱》真为清同治八年刻本（族谱这种地方文献的成书年代比其他文献更易作假），对明万历十年（1582）近三百年前发生之事的记载情节性如此之强本身就颇有问题，故事的前续缘起、后世发展历历在目，可信度不高；再者，即使是明末清初之文献一般叙述番薯传入时间也多是模糊处理，族谱具体到庚辰、壬午夏，疑点颇多。

此外，如同上文我们认为"菲律宾禁止外传薯种"是无稽之谈一样，越南的禁止输出是一个道理。更何况，越南与云南毗邻，如果越南已经规模栽培，云南当早已引种成功，所以我们证伪番薯西南传入说，恰好可以证明越南当时很可能是没有番薯栽培的。

从越南到电白

清道光《电白县志》最早记载此事：

> 相传，番薯出交趾，国人严禁，以种入中国者罪死。吴川人林怀兰善医，薄游交州，医其关将有效，因荐医国王之女，病亦良已。一日赐食熟番薯，林求食生者，怀半截而出，亟辞归中国。过关为关将所诘，林以实对，且求私纵焉。关将曰：今日之事，我食君禄，纵之不忠，然感先生德，背之不义。遂赴水死。林乃归，种遍于粤。今庙祀之，旁以关将配。其真伪固不可辨。

林怀兰之事虽未引自家谱这种信度低的文献，但与它们一样都是出现过晚。但撰者尚比较公允，也知描述过于戏剧化，遂阐明"相传""其真伪固不可辨"，已经很明白了。

林怀兰成了又一番薯传入第一人。其实，无论是福建还是广东，明末番薯就已经推广颇佳，入清以来特别是乾隆之后，已经稳居两地粮食作物之大宗，加之福建的金薯记忆与金公信仰的流传，此时有心者妄图建构所谓的引种功绩是极有可能的，不过这类文献都出现得比较晚，完全没有明代的文献佐证。诚如郭沫若所说："林怀兰未详为何时人。其经历颇类小说，疑林实从福建得到薯种，矫为异说，以鼓舞种植之传播耳。"

从文莱到台湾

清代以降中国台湾文献中频繁出现的"文来薯"，顾名思义，认为台湾番薯除了引自福建之外，也有自己直接的线路——文莱。最早来自文莱的官方记载当是康熙《诸罗县志》："……又有文来薯，皮白肉黄而松，云种自文来国。"之后，该说法得到台湾诸多文献的继承。到了今天已经成为诸家传说的又一路线，更有甚者据此上纲上线道："在大航海时代开始后，台湾既倚赖中国联结至新成形的全球性网络，但也有自己联接的连结途径。"

清代之前，从未闻"文来薯"之说法，台湾相对闭塞，笔者认为"种自文来"很可能是当地人的"想象力工作"，就如同台湾对于"金薯"的想象一样，"金薯"一词能够传播至台湾，也从一个侧面反映福建移民携种而来。《台海采风图》："有金姓者，自文来携回种之，故亦名金薯，闽粤沿海田园栽植甚广。"金学曾倒成了从文莱带回番薯的主角了。

所以所谓的文莱传说可信度是比较低的。越是后世文献，对相同事件添油加醋、横生枝节的情况就越明显，今天的学者却不加怀疑地采纳，让人费解。

从日本到舟山普陀

由于日本学者研究认为日本番薯源于琉球（1615），琉球又源于中国（1605）；郭松义认为浙江番薯引自日本或南洋去日本的商船，其实都比较牵强。其主要依据明万历《普陀山志》确有"番苿，种来自日本，味甚甘美"的记载，但是"番苿"一词再未见于其他文献，到底是不是番薯还是两说。郭松义认为李日华所著《紫桃轩又缀》也是记载番薯的早期文献，恰好证明了普陀先有番薯："蜀僧无边者，赠余一种如萝卜，而色紫，煮食味甚甘，云此普陀岩下番蓿也。世间奇药，山僧野老得尝之，尘埃中何得与耶！"

实际上，"番蓿"不一定是番薯，根据李日华的描写"番蓿"也不似番薯。如果，浙江确系独立引种番薯，对于浙江一直没有推广番薯，郭松义给出的解释是"山僧吝不传种"，这也是解释不通的。此路线存疑，但是相对陈振龙路线之外的其他所有路线，已经有一定可行性了。

总之，番薯与其他美洲作物相比并不特殊，确凿的路线通常就是一两个而已，当然，或许还有文献并未记载、我们并不知悉的路线，可能番薯九条路线中的几条是存在的。但是没有充足的证据之前，我们并不能将数条路线均作肯定之话语，这是极不严谨的。要之，我们应该下这样的客观结论：陈振龙于明万历二十一年（1593）将番薯从菲律宾带回福建长乐，其他路径均是存疑或证伪，相对而言万历年间从东南亚传入浙江舟山普陀山的可能性稍高一些。

为什么欧洲人选择了土豆放弃了番薯？

2019年中国番薯产量约为$5.2×10^7$吨，马拉维居于世界第二，产量约为$6×10^6$吨，仅为中国的十分之一，其次为尼日利亚（$4.1×10^6$吨）、坦桑尼亚（$4×10^6$吨）、乌干达（$2×10^6$吨）、印度尼西亚（$2×10^6$吨）等，可见中国居于绝对优势。作为番薯的主产国，虽然中国地大物博、人口充盈使得中国很多作物产量、种植面积都居于世界第一，但是如番薯一般差距这样悬殊的还是非常少见。据中国海关数据，2020年中国冷或冻番薯出口数量为2004.6万吨，是最大的番薯出口国，这还是同比下降19.6%的结果。一句话，番薯在世界的影响就远逊色于在中国的影响。

土豆则不然，众所周知，土豆是世界级别的大主粮，土豆生产大国按照产量的序列——依次为中国、印度、俄罗斯、乌克兰、美国，现在中国的土豆年种植总量已经超过了1亿吨，剩下4个国家的年产量也超过了2000万吨。欧洲尤其西欧、北欧国家，土豆在口粮中所占比例甚高。中国也在2015年提出"马铃薯主粮化战略"。

目前国内番薯生产大省主要有河南、河北、四川、山东、湖南、湖北、安徽等。其中山东、河南和河北是番薯的前三大产区，这三大产区的市场份额占了全国的一半以上，广东地区番薯产业排名第四，之后依次为陕西、安徽和辽宁。这是今天的情况，若论历史时期番薯种植，多数时间中国南方为番薯主产区。明清民国时期，南方为中国乃至世界番薯主产区，其中蕴含的逻辑其实与欧洲没有重视番薯的原因一般无二，或者说，为什么中国没有"番薯主粮化战略"？

土豆、番薯大概在同一世纪传入欧洲，然而却是土豆开花结果，番薯远走他乡。这种空间差异有着比较复杂的几大因素制约，其中最主要的是环境条件和饮食习惯。

环境条件制约番薯的发展

番薯作为典型的热带、亚热带作物，喜温暖、湿润，怕冷、耐旱，适宜的生长温度为22~30℃，温度低于15℃时停止生长。不同生长期对温度要求也有不同，芽期温度宜在18~22℃，温度过高过低都会影响出芽率。苗期温度宜在22~25℃，茎叶期宜在22~30℃，茎叶期温度不宜低于16℃，否则会阻碍其生长，甚至停长；若是低于8℃，则会造成植株经霜枯萎死亡。根块期温度宜在22~25℃，适宜的温度可以促进植株各生长期长势良好，确保根块数量及膨大。植株生长过程中对光能要求高，属不耐阴的作物，从茎叶期开始光能时间越长，生长期就越长，光合效率就越高，反之则会降低光合效率，影响植株生长，所以每天日照时间宜在8~10小时。中国多数区域可以满足这个条件。

而我们知道欧洲多数地区平均气温低、日照时间短，并不适合

番薯是一种高产而适应性强的粮食作物，与工农业生产和人民生活关系密切。块根除作主粮、零食外，也是食品加工、酒精制造工业等的重要原料。根、茎、叶又是优良的饲料，总之，番薯具有多元功能和价值。

番薯的生长，历史也选择了耐寒的土豆而不是番薯。有德国历史学家曾说"18世纪最为关键的革新就是土豆种植与体外射精的避孕方式"，这两种措施均是针对人口而言的。自此之后，土豆变成了欧洲人一日三餐不可缺少的食物。在土豆种植园，饥荒也消失了，一条长达3218千米的土豆种植带从西边的爱尔兰一直延伸到东边的乌拉尔山。在欧洲国家中对于土豆依赖程度最高的非爱尔兰莫属了，这个国家40%以上的人在日常生活中除了土豆之外，没有其他固定的食物来源。土豆适应了爱尔兰的环境，养活了大量的人口，但是在后来也酿成了巨大灾难，这就是骇人听闻的"爱尔兰大饥荒"。经过爱尔兰大饥荒，恐怕无人不知土豆的重大影响，后世学者如麦克尼尔（William H. McNeill）、克罗斯比（Alfred W. Crosby）等无不对以土豆为首的美洲作物的巨大影响详加阐述。土豆适应了欧洲的自然环境，在欧洲绝大多数地区均可以种植，可以认为能量巨大，爱尔兰人口从1754年的320万增长到1845年的820万，不计移往他乡的175万，土豆功不可没。

当然，南欧的水热条件是适合栽培番薯的，所以我们看到土豆的早期英文名为"Irish potato"与番薯的"Spanish potato"形成对比，但是西班牙等南欧地区可以种植价值更高、认可度更好的小麦、橄榄、柑橘、葡萄等，随着时间的推移，"Spanish potato"仅剩下了番薯最初传入这样的历史记忆。

饮食习惯很难接纳番薯

欧洲人在古埃及时期就形成了以小麦为主的饮食传统，块根类作物在欧洲没有市场。中国则自古以来有食用块根类作物的传统，不少地区甚至视为主粮，所以中国对于外来番薯的接纳是自然过渡，甚至很多人认为番薯便是中国原产，这便是思想根源。

如果说自然因素是番薯不利于农业生产（稳产、高产）、不利于契合农业体制的原因，社会因素则是说番薯不容易被做成菜肴和被饮食体系接纳、不能引起文化上的共鸣。欧洲地区纬度较高，气候寒冷，适合多汁牧草的生长，急需高热量的奶制品和肉类食品抵御严寒，牛奶加面包自然是最佳选择。

土豆的确是一个特例。与番薯比较，一是土豆热量比番薯稍高，产量也更高，淀粉含量高能够给人提供身体必需的热量，高产易生的土豆适合作为穷人的食物，事实上土豆确实被当作穷人的标配，被看作贫穷的象征；二是土豆可塑性较强，土豆本身味道不错，五味均可，并且可以与其他食物较好地配合，土豆的做法更是多之又多——薯条、土豆泥等，其食用价值高于番薯，土豆深加工方式也更加多样，国际市场需求量较大。

此外，土豆的推广也得益于一批君主和科学家的强力普及。1744年，普鲁士发生大饥荒，腓特烈大帝命令农民种植并食用土豆。在欧洲人接受土豆的过程中，一个名叫安托万·奥古斯丁·帕门蒂尔（Antoine-Agustin Parmentier）的法国人发挥了重要作用。1774年，法国国王路易十六解除了对粮食价格的控制，这就使得面包的价格迅速蹿升，爆发了"面粉战争"，80多个市镇的军民因无力购买面包而发生了大骚乱，这对于力主推广土豆的帕门蒂尔是千载难逢的机会。他不失时机地大势宣传土豆对于结束面粉战争的好处，并劝说国王佩戴土豆花，向上流社会推荐食用全土豆餐，并且有意识地在巴黎郊外种下40英亩（约0.16平方千米）的土豆，让处于饥饿中的平民偷食。在帕门蒂尔的精心策划推动下，土豆终于被人们接受。此外，还有一些其他的舆论助力，早在1664年，约翰·福斯特（John Forster）认为种植土豆可以应对高昂的物价；18世纪，亚当·斯密更鲜明地指出如果土豆"像某些产米国的稻米一样，成为民众普遍而喜爱的植物性食物，那么同样面积的耕地可以维持更多数量的人口"。

　　欧洲没有实施"番薯主粮化战略"除了以上原因之外，还有一些重要的原因。首先，番薯淀粉含量高，蛋白质含量低（番薯干物质才为4.7%），难以满足人体的需求；稻米干物质为7.7%（稻米含水量仅为12%~14%），高下立判。其次，番薯含糖量高，导致产生颇多胃酸，使人感到"烧心"，胃的负担过大，甚至会反酸水，剩余的糖分在肠道里发酵，也使得肠道不适；番薯吃得过多，其氧化酶会在肠道里产生二氧化碳，会使人腹胀、放屁、打嗝。总之，番薯并无取代水稻的理由。再者，番薯并不耐贮藏，一般适合作为秋冬食粮和冬春粮食储备，来年夏季即腐烂；"然经风霜易烂，人多掘土窖藏之"，与稻米这种常用粮食储备相比逊色很多。最后，番薯生长后也要翻藤蔓，否则会枝蔓疯长，降低产量，用人工方法翻转藤条会浪费大量劳动力，增加成本，而土豆没有那么多多余的工作。总之，番薯缺失了诸多推广要素，可以说番薯没有在欧洲大放异彩是多种因素合力的结果。

棉花的传播

一般而言，作物起源具有唯一性与独特性，因此才有"世界八大作物起源中心"之说，但是棉花是一个特例，棉花的地理分布具有全球性，是一个典型的多起源中心作物。世界棉花有亚洲棉、非洲棉、陆地棉、海岛棉四种，后两种均为美洲作物——美棉。

由于棉花不产自中国，所以中国长期没有"棉"字，棉花在中国早期被称为"吉贝""白叠""梧桐木"等。在东汉《说文解字》、南朝《玉篇》等文献记载中还只有"绵"，但此"绵"为"丝绵"之意，与棉花相去甚远。《三国志》第一次出现的"木绵"即为棉花，用以区别"丝绵"，但注意是"绵"而非"棉"。南宋时期第一次出现了"棉"，但使用不广，在元明时期"棉"与"绵"混用，直到清代才彻底称为"棉"，《康熙字典》对其进行了规范整理。

目前中国最早记载棉花的文献是《尚书·禹贡》，在记述九州之一的扬州物产时说"淮海惟扬州……岛夷卉服，厥篚织贝"，织贝即棉布，反映了古代南方少数民族对纺织业的贡献。入汉以后，相关记载更多，《后汉书·南蛮传》《后汉书·西南夷传》《梁书·西北诸戎传》等均记载了棉花。虽然说在战国时期棉花可能已经被南部边疆、西部边疆培育出来，但是始终偏居一隅，没有对中原、对古代人民的衣着原料产生实质的影响。宋代以前，丝绸、大麻、葛才是主流，根本没有棉花的一席之地。根据棉花后世的发展情况来看，我们当然不能说棉花不好，那么为什么长期没有进军中原呢？这其中既有中国原产衣着原料的使用惯性问题，又与棉纺织业缺乏技术革新、市场需求有关。

当然，漫长的历史时期我们引种、传播的棉花多是亚洲棉（间有从新疆传入的非洲棉），不仅因为亚洲棉起源于印度河下游的河谷地带，印度栽培利用较早，具有传入中国的地缘优势，也是因为亚洲棉具有产量高、抗逆性好、适合手工纺纱等优势。

诚如司马迁说"楚越之地，地广人稀"，虽然棉花在南方地区长期扎根，少有棉花种植、加工、售卖的需求，一旦经济重心南移，棉花必然进入国人的视野。南宋末期，棉花已经在长江中下游地区广泛种植。入元以后棉花地位进一步提高，《元史》说"置浙东、江东、江西、湖广、福建木棉提举司，责民岁输木绵十万匹"，并且元朝的夏税收"木棉、布、绢、绵等"，可见棉花的经济地位已经相当高了；元朝官刻农书《农桑辑要》中有关于"新添栽木棉法"的记载，各项工序十分完善，此时的棉花已经为一年生，有的土地年年种植棉花，成为了"老花地"。

棉花是第一个真正意义上的全球商品。

随着亚洲棉从海南岛传到长江中下游地区，棉纺织技术也从南往北传播，在这个过程中，黄道婆起到了关键性作用。黄道婆，宋末元初著名的棉纺织家、技术改革家。相传，黄道婆家住松江府乌泥泾（今属上海市），她从小生活特别凄苦，后来流落至海南岛。在海南岛黄道婆一住就是40余年，在此期间，她向当地黎族妇女学习了棉纺织技术。元朝元贞年间，黄道婆返回故乡，也把精湛的纺织技术带了回来，并进行创新。先进的纺织技术逐渐传至松江全府，继而传遍整个江南。黄道婆去世后，松江一带已成为全国的棉织业中心，历经元、明、清三代600多年而不衰，其产品远销全国各地，有"衣被天下"之美誉。"黄婆婆，黄婆婆，教我纱，教我布，二只筒子二匹布。"这首民谣至今还在江南地区流传呢。

《大明会典》中规定："农民凡有田五亩至十亩者，栽桑、麻、木绵各半亩，十亩以上者倍之，田多者以是为差。"可见棉花已经上升到国家战略，此时棉花已经成为国人主要的衣着原料了。明人丘濬《大学衍义补》中说："至我朝，其种乃遍布于天下，地无南北皆宜之，人无贫贱皆赖之，其利视丝枲盖百倍焉。"根据明洪武年间的粮棉比价"棉布一匹，准米一石，棉花一斤，折米二斗"，可见，棉花作为经济作物，已经开始广泛与粮食、蚕桑争地了，江南高阜地带也形成了棉花主产区，小型棉纺织作坊分布众多，并导致江南"苏湖熟，天下足"的粮仓地位一去不复返。也是在此时，江南地区真正形成了"男耕女织"的格局。

江南地区一向地狭人稠，按理说无法养活如此多的人口。但正是因为江南的纺织业发达，集约经营的"拐杖逻辑"促进了生产发展，将人口固定到了土地上，农民既要种植粮食，也要培育棉花或蚕桑。

除了前文提到的《农桑辑要》，在《王祯农书》《农政全书》《二如亭群芳谱》《授时通考》这样的大型且综合性农书中均重点介绍了棉花的栽培方法，还诞生了《种棉说》《植棉纂要》这样的棉花专书。更有清康熙帝亲制《木棉赋》、乾隆帝亲题《御题棉花图》，从而显示了棉花的非凡地位。值得一提的是，当近代西方技术进入中国后，棉花农书也进行了与时俱进的革新，如《通属种棉章程》等新式农书的编纂。

棉花在近代史上也留下了浓墨重彩的一笔。亚洲棉既是英国工业革命的起点，亦是工业革命的中坚，更是英国开拓海外市场的主要标志物，英国将印度变成了自己的棉花供应地和棉纺织品倾销地，进一步远销中国，从中国攫取大量白银。然而英国并不满足这些，当美洲大陆被发现后，英国迅速在广袤的美洲大陆上开辟自己的棉花供应地，重塑全球棉花市场。而美国独立后之所以能够迅速发展，南方的棉花种植园经济功不可没。

美棉对亚洲棉造成了切实的冲击，不仅仅是多了一个大洲作为棉花原料供应地的问题。美棉尤其是陆地棉产量更高、纤维更长，非常适合机器大工业的发展，迎合了当时的世界第一工业——棉纺织业的发展，自1865年引入我国，经过数次改良与更新换代，逐渐取代亚洲棉。以今天的中国为例，境内种植99%的棉花都是陆地棉，带来了比亚洲棉更大的经济效益。其中新疆棉区不仅是我国最主要的产棉区，也是世界上顶级优质的产棉区。

美洲作物的中国故事

    1492年哥伦布横渡大西洋抵达美洲，发现了新大陆，从此新大陆与旧大陆建立了经常的、牢固的、密切的联系。于是，美洲独有的农作物接连被欧洲探险者发现，并通过哥伦布及以后的商船，被陆续引种到欧洲，继而传遍旧大陆。随着新旧大陆之间的频繁交流，美洲作物逐渐传播到世界各地，极大地改变了世界作物栽培的地域分布，丰富了全世界人们的物质、精神生活。

    美洲作物的传入对我国的农业生产和人民生活产生了深远的影响：增加了农作物（尤其是粮食作物）的种类和产量，缓解了我国的人地矛盾、食物供给紧张问题；推动了商品经济的发展，使人民获得了更多的经济利益；拓展土地利用的空间与时间，促进了资源优化配置，提高了农业集约化水平；为我国植物油生产提供了重要的原料等。苏联植物学家、遗传学家瓦维洛夫曾说："很难想象如果没有像向日葵、玉米、土豆、烟草、陆地棉等这些不久前引自美洲的作物，我们的生活会是怎样。"

"哥伦布大交换"

1492年哥伦布发现新大陆，堪称划时代的事件，有人将此称为"全球化1.0时代"。美洲第一次与世界融为一体。20世纪之后才出现的"四大文明古国"之说没有涉及美洲，这其中有复杂的时空限制因素，实际上美洲也创造了灿烂辉煌的文明。

一般认为，地理大发现最重要的影响莫过于殖民主义的出现、工业资本主义的发展等，但越来越多的学者认为"哥伦布大交换"才是其最重要的影响，改变了整个世界的面貌。"哥伦布大交换"由美国环境史家克罗斯比（Alfred W. Crosby）提出，是迄今为止环境史学界所提出的最有影响的创见，从生态的角度对旧大陆征服新大陆这一重大历史转折作出全新解释——被广泛写入国内外世界史教材。

"哥伦布大交换"，简而言之，是指以1492年为始，在之后的几个世纪里，旧大陆与新大陆间发生的动物、植物、微生物及经济、文化等方面的广泛交流。"哥伦布大交换"是双向的，比如此前美洲没有大牲畜"六畜"之四（马、牛、羊、猪），也没有我们传统粮食作物"五谷"（稻或麻、黍、稷、麦、菽），美洲人主要靠"三姐妹"作物（The Three Sisters）——玉米、菜豆、南瓜维持生计，三者互利共生，

清乾隆帝亲自三令五申劝种的功勋作物——番薯。

颇似于传统中国的间作套种。

"哥伦布大交换"中的植物，即美洲作物有30余种，除了大家耳熟能详的粮食作物玉米、番薯、土豆之外，还有典型蔬菜作物（包括菜粮兼用作物）如南瓜、菜豆、莱豆、笋瓜、西葫芦、木薯、辣椒、西红柿、佛手瓜、蕉芋等，油料作物如花生、向日葵等，嗜好作物如烟草、可可等，工业原料作物如陆地棉等，药用作物如西洋参等，果类作物如番荔枝、番石榴、番木瓜、菠萝、油梨、腰果、蛋黄果、人心果等。

从美洲到中国

美洲作物很快遍及中国，中国人从口腹到舌尖，反而成了早期全球化的最大受益者，各种美洲粮食、蔬果作物和经济作物纷至沓来，引发了整个农业结构的变迁和经济形态的转型。可以说，今天我们餐桌上一半常用食物都是美洲来的，没有美洲作物参与的日常生活是不可想象的。

那美洲作物是怎么来中国的？哥伦布发现新大陆之后揭起了欧洲向美洲殖民、探险、传播宗教的高潮——早在1494年，哥伦布就请先返回的人捎给红衣主教阿·斯弗尔札（Ascanio M. Sforza）一包搜集到的美洲作物的各种种子。据统计，从1492年至1515年，至少有好几十支探险队，好几百艘欧洲船涌向加勒比海，绝大多数美洲作物就以这样的形式传入欧洲。伴随着黑三角贸易，新大陆作物又多次走入旧世界的视野。

16世纪，欧洲人开始在东南亚建立殖民地，一些美洲和欧洲的

美洲作物传入时间有先后，途径不一，但在不长的时间内获得了相当快的发展，在今天的作物构成中仍有不少占据举足轻重的地位。究其原因，与明清时期人地矛盾加剧及市场经济的发展有着密切的关系。

农作物开始传入东南亚，并进一步引种到东亚、南亚，这时，正是我国的明清时期。大量美洲作物的传入，构成了明清时期中外交流的一个重要特点。这其中以葡萄牙为首，葡萄牙人于1498年到达印度，1511年征服了马六甲，打开了东方殖民侵略的道路，之后欧洲各国纷至沓来。

美洲粮食作物

几乎每种美洲作物的传入，都经由中国东南沿海一线。但是部分作物的引入又不限于东南海路，比如玉米又有西南陆路、西北陆路，尤其西北陆路中关于玉米的记载始见于明嘉靖年间甘肃《平凉府志》，这是中国玉米最早的文献记载。

此外，粮食作物传入的主体并非都是外国人，海外侨胞在其中亦扮演了非常重要的角色。现在有人将美洲作物的传入全部归功于外国人，是不可取的，因为外国人的造访在数量上毕竟不占优势，人数众多的不易察觉的传播者，是来往于祖国和东南亚的华侨。比如福建长乐华侨陈振龙被誉为"番薯传入第一人"，郭沫若专门有诗歌颂之——就是陈振龙在菲律宾从事贸易期间将薯种及种法偷偷带回长乐。当然还有陈益从越南将番薯带入广东东莞、林怀兰从越南带入广东电白，这些事情都发生在明万历年间，所以他们家乡后人都说自己地方的传入者才是"中国番薯传入第一人"，但相对来说陈振龙影响最大。

土豆传入中国相对更晚一些，据学界最新研究，清光绪《浑源州续志》记载，至迟在乾隆四十七年（1782），土豆自陕南引种至山西浑源州，而不是之前陈陈相因的明代《长安客话》、清康熙《松溪县志》等资料的说法，他们所谓的"土豆""土豆"实际上是土圉儿（*Apios fortunei* Maxim.）或黄独（*Dioscorea bulbifera* L.），所以关于土豆的历史，还需要重新追溯。

玉米、番薯、土豆，号称美洲三大粮食作物，其重要意义已有千万人为之背书，虽然在传统农区优势不甚明显，但是在山区堪称"高产"，抗逆性强，也充分利用了一些边际土地，确实提升了粮食产量。但是个人不赞同把美洲粮食作物地位拔得太高，经常见到一些观点，认为玉米、番薯造就了康乾盛世，美洲作物造成了清代的人口爆炸等，甚至计量史学者把美洲作物对清代人口的贡献精确到30%。我把这类观点称之为"美洲作物决定论"。实际上，美洲作物的推广不是刺激人口增长的主要因素，而是积极应对人口压力的措施。19世纪中期，是中国帝制社会的人口峰值，达4.3亿人，根据个人研究，此时玉米、番薯能够养活2473万~2798万人，玉米占播种面积的2.75%、番薯占0.67%。至少太平天国时期（人口峰值）之前的人口增长并非源自美洲作物——美洲作物不是刺激人口增长的主要因素。就全国而言，美洲作物发挥更大功用的时间是在近代以来并非人口激

玉米的广泛种植与清代移民垦山相辅相成。

增的阶段。

那么土豆呢？其地位就更低了，仅仅是众多杂粮之一。一是土豆本身传入就较晚；二是土豆不适合在高温环境下生长，而中国人口密集的地区多在雨热同季的暖湿环境；三是土豆的"退化现象""晚疫病"等问题在传统社会难以解决是限制其发展的最大原因。

美洲蔬菜作物

美洲蔬菜的传入，对中国饮食文化也产生了重大影响，其中最典型的案例就是川菜。正因为美洲蔬菜的传入，清末民初形成川菜菜系。对川菜贡献最大的两大美洲作物是辣椒、番茄。

花椒、姜、葱、芥末、茱萸是中国本土的辛辣用料。食茱萸是中国古代最常见的辛辣料。辣椒于明万历年间传入浙江（高濂《遵生八笺》），最初为观赏植物，但人们很快发现辣椒可以替代胡椒等调味品，不过因为东南沿海的饮食习惯并不嗜辣，所以辣椒并没有被重视。但是"东南不亮西南亮"，因西南地区地理环境的关系，当地部分人迷信食辣可以"祛湿"，部分人以辣椒代替稀缺的井盐，人们由此开始大量食用辣椒。

番茄虽然明万历年间始有记载（王象晋《二如亭群芳谱》），但是一直是作为观赏植物。民国时期，番茄的栽培范围不断扩大，但主要集中在大城市（如京沪一带）郊区，且栽培不多。中华人民共和国成立后，番茄才迎来了栽培和食用的全盛时代，所以我们今天常吃的西红柿炒鸡蛋，是1949年之后才风靡全国的。重要的蔬菜作物还有四季豆、南瓜等，最终使中国在清朝时期形成了"瓜、茄、菜、豆"的蔬菜作物格局。

美洲油料作物

前面已经提到，美洲作物进入中国有不同的路线。其实，即使是同一地区，不少作物在历史上经过多次的引种才会扎根落脚，其间由于多种原因会造成栽培中断——典型的就是花生。据推测，花生在明万历末年传入东南沿海（方以智《物理小识》），此后向北推广，推广速度极其缓慢，19世纪以后才到达北方，主要便是由于此时的花生品种是龙生型的小花生，产量低，木榨榨油效率低，需求量很低。

西汉之前，中国虽然亦有食用植物油的历史，但茬子、大麻榨油所占比例很少，还是以动物油为主。直至西汉中期芝麻传入后，迅速在南北方传播开来，成为主流油料作物。再到元代，南方越冬型油菜驯化，逐渐取代了芝麻在南方的地位，形成"北方芝麻，南方油菜"分庭抗礼的局面。

民国时期食用西红柿俨然成了一种"洋气"的标志。

1862年，美国长老会传教士梅里士从上海往登州传教，给山东带来了美国大花生。这种弗吉尼亚大花生产量高，品质优于小花生，直立丛生的生长方式适合规模栽培，但是能在以山东为代表的北方地区推广，其中还有深深的利益驱动。19世纪至20世纪初西方榨油机传入，迎合了花生榨油的需求，获利甚高，各地争相效仿，打破了南北方对油菜、芝麻的垄断。

同为油料作物的向日葵在我国的推广就没那么顺利了，虽然早在明嘉靖（浙江）《临山卫志》中已见"向日葵"，但清代中期依然仅仅是观赏花卉，在近代才出现了以葵花子作为零食的记载。不过直至中国人民共和国成立之前，当时社会上流行的瓜子依然是黑白二瓜子（西瓜子与南瓜子），葵花子油大抵也是1949年之后大盛，因对向日葵的利用发生剧变，使之完成了其对"葵"的替代。

美洲经济作物

最后，讲述穿、用的经济作物——棉花、烟草。

宋代以前国人衣着以葛、麻、丝为主：丝为富人衣冠，而葛、麻则为平民衣料。棉，中国并不是没有——原产我国的多年生木棉影响很小。亚洲棉原产印度河流域，5000年前已在南亚次大陆广泛种植。亚洲棉虽然早在汉代已传入中国，但只有新疆、广东、云南等地零星种植。但到宋代，亚洲棉在长江和黄河流域迅速推广，13世纪已取代大麻成为我国衣被主要原料。元朝初年，朝廷把棉布作为夏税（布、绢、丝、棉）之首。因黄道婆的贡献，松江府甚至成为全国棉纺织业的中心，"松江布"亦获得"衣被天下"的美誉。

近代以来，我们有一个口号"棉铁救国"——当时中国乃至世界的第一工业便是棉纺织业，因此众多绅士以此为切入点投身实业。19世纪末，美洲陆地棉被引进中国。陆地棉又名美棉，传入后仅仅几十年就对亚洲棉产生了重大冲击，成为中国近代纺织工业快速发展的重要推力。因亚洲棉的产量、纤维长度、细度都不及陆地棉，所以逐渐被陆地棉所代替。但亚洲棉纤维粗、长度短、弹性好，适宜做起绒纱用棉、医药用药棉、民用絮棉等。

烟草作为传入中国的美洲作物之一，其传播速度也是数一数二的。明万历年间首先进入福建漳州、泉州一带，原名"淡巴菰"，实为"tobacco"的音译。烟草传入之初主要作为药用，因其吸食具有兴奋和攻毒祛寒的功效，后成为大众嗜好品，并迅速发展，很快传遍大江南北，可见经济作物之天然优势。但很快，明人便已认识到烟草有"三大害"：有害于人体、有害于农事（挤占粮田）、有害于社会。清廷早在入关以前的1632年就颁布了中国历史上最早的禁烟令，然而因为暴利屡禁不止。

早期所种植的烟草为晒晾型，切成细丝，在烟锅里点燃，于是有了旱烟，这一烟草制法很快在中国流行。后人在细切丝的基础上用纸包裹烟丝，就形成卷烟。美洲人吸烟，大都是将烟草卷起来，于是有了雪茄，这种习俗影响到欧洲诸国。晒晾型烟草种植相当分散，美国弗吉尼亚烤烟在19世纪末迅速发展，成为卷烟工业的主要原料，与花生一样，新品种烟草的影响更大。因烟草传播而诞生的独特烟草文化与消费文化的变革——明清时期的商女们的烟枪象征着风情，民国上海文人（特别是女人）指间夹着的卷烟代表着"现代性"与"进步性"。

美洲作物本土化反思

总体来说,明代处于美洲作物的局部引种时期,除个别省份的个别作物有所推广外,基本处在萌芽阶段,清中后期是美洲作物的狂飙式推广时期,民国时期已经奠定了分布基础。

美洲作物为什么传播得这么慢?不是明代中期(嘉靖、万历年间)美洲作物就已经做好传入中国的准备,在东南亚蓄势待发了吗?决定新作物传播的因素有很多,包括它们是否有助于农业生产和适合某种农业体制,是否易于做成菜肴和被饮食体系接纳,以及能否引起文化上的共鸣。因美洲作物并不符合国人的饮食习惯,也不能很快融入当地的种植制度,所以新作物的明显优势最初都被忽视了。且不论它们在传入初期具有"奇物"的色彩,玉米一度成为西门庆家的宴会上品,番薯"初时富者请客,食盒装数片以为奇品",单说我们看到在传统农区,玉米很长时间仅仅是"偶种一二,以娱孩稚",而在山区从清乾隆年间以后,才开始逐渐有市场。

因此,我个人有一个理论,就是"中国超稳定饮食结构"。国人对于新作物的适应由于口味、技术、文化等因素,是一个相当缓慢的过程。我们看到小麦在距今3000多年前就从西亚传入中国,但是直到唐代中期才在北方确立主粮地位。玉米从2012年以来就是第一大作物(这其中有畜牧业发展的原因),但并不是第一大口粮。2015年国家提出"马铃薯主粮化战略",但是前路漫漫。

相对来说，美洲经济作物如烟草，步履在前。只有南瓜是美洲食用作物中的异类，堪称美洲作物中的"急先锋"。南瓜也是美洲作物中最早用于救荒的，之所以如此，是因为南瓜具有粮食作物的部分功能——耐储藏和产量高，所以是典型的菜粮兼用作物。但是南瓜毕竟是替代粮食作物，不是真正的粮食，其充其量也就和一些杂粮相颉颃。

美国东方学家劳费尔在《中国伊朗编》中曾高度称赞中国人向来乐于接受外人所能提供的新事物："采纳许多有用的外国植物以为己用，并把它们并入自己完整的农业系统中去。"域外引种作物的本土化，是指引进的作物适应中国的生存环境，并且融入中国的社会、经济、文化、科技体系之中，逐渐形成有别于原生地的、具有中国特色的新品种的过程。我们把这一认识，归纳为风土适应、技术改造、文化接纳三个递进的层次，或者称之为推广本土化、技术本土化、文化本土化。总之，域外作物传入中国是一种适应和调试的过程，无论是栽培、加工、利用都是有别于原生地的。

美洲作物导致清代人口爆炸？

　　近年来有众多言论过分夸大美洲作物，我们姑且称之为"美洲作物决定论"。"美洲作物决定论"是笔者自创的一个全新概念，这里略作解释。何炳棣之后关于美洲作物的讨论渐多，没有人否定美洲作物的重要性。不少学者发现它们之于人口增长的积极意义，不过多是模糊处理，选择"含糊其辞"这样比较严谨的叙述方式。近十年，有心人受到前贤的启发，"变本加厉"地强调美洲作物对人口增长的巨大意义已经成为一种常识般的金科玉律深入人心，无论是学院派抑或民间学者，近年各种论著、网文只要涉及美洲作物，必然充斥着美洲作物导致清代"人口奇迹""人口爆炸"的言论，如"玉米支撑了清代人口的增长""18世纪的食物革命""康乾盛世就是番薯盛世""番薯挽救了中国"等。有一次，笔者去打印店打印东西，老板一看我是研究美洲作物的，就比较激动地说："我知道，我知道，清代中国人口靠玉米啦、番薯啦一下子增加起来啦，要不我们今天人口哪有这么多！

　　笔者曾经参加过两届量化历史研究研习班，数据史学的理论和方法，笔者大致是认同的。伴随着量化历史研究的"中国热"，美洲粮食作物再次华丽进入学界的视野，"美洲作物决定论"闪亮登场。其中最有代表性的莫过于发表在《经济增长杂志》（*Journal of Economic Growth*）的陈硕与龚启圣合作的雄文，该文得出的结论也确实让人耳目一新：引种玉米可以解释1776—1910年间人口增长18%。如果加上番薯、土豆，直逼人口增长30%。

扪心自问，美洲作物真的可以拔得如此之高吗？已有前人侯杨方（侯杨方：《美洲作物造成了康乾盛世？——兼评陈志武〈量化历史研究告诉我们什么？〉》，《南方周末》2013年11月2日）敏锐地驳斥了这一点，但并未产生广泛影响。笔者认为并非由于其是学术随笔的原因，而是文章缺乏实证，让人难以信服，故此"美洲作物决定论"依然愈演愈烈。侯杨方在不同场合贬斥过美洲作物，笔者认为我们既不能过分肯定，也不能矫枉过正，要用事实说话，避免陷入历史虚无主义的怪圈。

人口增长的原因？

中国人口数字与中国人口增加的根源

何炳棣经典著作《明初以降人口及其相关问题（1368—1953）》之所以毫不含糊地回避定量分析（费正清语），而选择制度分析，就是因为他认为构建中国人口数据库是很有风险的，在1953年人口普查之前除了明洪武年间的数字之外的任何数字都是多少有问题的，清乾隆四十一年到道光三十年（1741—1850）比较有用而已。

原因何在？帝制社会的"口""丁"向来是赋税依据，它们"充其量只能说明数量大小的次序或满足记载中的数字资料形式上的需要……统计数字所能反映的当代实况，与它们所反映的史官们所恪守的陈陈相因的书面记载不相上下"（费正清语）。所以，我们在方志中经常可以见人、丁沿袭不变，或在传抄的过程中稳步以微小的增加值建构一个新数字的情况。

自清康熙五十一年（1712）"滋生人丁，永不加赋"再到雍正元年（1723）"摊丁入亩"，地方没有了隐匿人丁的必要，是否统计就更加凿凿？也不尽然。费正清一针见血指出的情况依然存在，更重要的，合并了丁税之后，田产较少或无的人减轻了义务，但权利依然保留，如参加科举的权利、享受赈济的权利等，所以必然会一下子跳出很多隐匿人口，造成"人口爆炸"的假象。总之，人口数不过是王朝国家和民间社会博弈的数字游戏，中央与地方、地方与地方之间抢夺资源的工具。

根据曹树基的"中国人口数据库（1393—1953）"（未公开），以府为中心，以县级数据为基础，虽然依然不是完全可信，然而目前已无较之更为优秀的数据库，可见下表。

1393—1953年的中国人口

年份	1393	1630	1680	1776	1820	1851	1880	1910	1953
人口（千人）	74 652	222 047	184 993	311 645	383 287	437 323	364 339	436 360	591 722

资料来源：曹树基，"中国人口数据库（1393—1953）"。

1393—1630年人口年平均增长率为千分之4.6，1680—1776年人口年平均增长率为千分之5.5，1776—1910年人口年平均增长率为千分之2.5（其中1776—1851年为千分之4.5）。从公元2年开始，漫长历史时期的人口增长率不过千分之1，帝制社会末期能达到千分之4～千分之5本身就是一个奇迹，当然尚在可接受的范围。但是清初在经历了明清易代之后，民生凋敝，竟然能达到传统社会的峰值千分之5.5，不但高于明代，也高于康乾盛世，这就很有问题了。清乾隆中期之前，美洲作物尚未发挥作用，如此高的人口增长率只能是丁税取消之后，伴随着人口统计方式的变更，大量隐匿人口浮出水面的结果。1776年之后正是美洲作物开始发挥作用的长时段，但是我们看见年均增长率并没有想象的那么高，所以"美洲作物决定论"我们就要打一个问号了。

那么中国人口增加的根源为何？简单两个字——和平。社会的稳定性大大提高，于是朝廷放松了对户籍的控制，增加了大量可以自由流动的劳动力，区域贸易壁垒限制降低，这些都加强了全国性的人口流动和商业活动，垦殖、贩卖盛极一时，财富迅速积累，生育愿望增加，人口自然迅速增加。总之，正是清廷多次改革达到轻徭薄赋、加强仓储等社会保障制度建设，以彰显"德政"，借着藏富于民，清廷政府可说助长了人口增长速度。

中国人口增长的内在逻辑

如果我们用"和平"一言以蔽之，虽然直指本源，但是未免难以让人信服。中国人口增长自然是多种因素交织的结果，但是这些动因均可以认为是和平的折射。当然，有的内在逻辑因素与人口增长互为因果。我们已经知道清代人口并非狂飙式增长，但是毕竟一直在增长，一再刷新了传统社会的记录，堪称人口奇迹，因此其内在逻辑当然值得探讨。

其一，人口的增长必然与死亡率下降相关，这是生活水平提高的标志，天灾人祸在和平年代的危害将大大降低，朝廷的危机处理能力和地方社会应对就卓有成效，医疗水平也有所提升（温病学派、人痘接种等）。但罗威廉认为也许中国人口增长的最重要因素是溺婴率的降低，国内局势平和、新土地的开发与谋生机会的增加，人们有意减少杀害或抛弃新生儿，更遑论中国本来就有多子多福的文化传统，传统社会也缺乏普及式的避孕措施。联想到1949年之后计划生育之前的人口爆炸，似乎不无道理。

其二，中国移民史也是一部中国垦殖史，开垦新农地的渴望促使国人东突西进，与山争地、与水争田，有清一代达到了中国历史上的开发高峰。加之盛世朝廷推行的一系列"更名田""招民开垦"及"免升科"政策，包括非传统农区的耕地宜于逃避清丈等，这些都促使开发深度不足的山区、边疆迅速纳入农耕区范围，即使是山头地角、河荡湖边这样的畸零地也不曾放过。中国的耕地数量自西汉中期至明万历时期，在长达近1600年的时间里只增加了3亿多市亩，而在清代仅200多年时间里，耕地总量增加了6亿多市亩，超过以往1倍以上。新开发的土地接纳了传统农区的"浮口"。

其三，李伯重从全球史视野解释明朝灭亡，指出一方面是17世纪前半期全球气候变化所导致的灾难，另一方面也是早期经济全球化导致的东亚政治军事变化的结果。那么是否也可以解释清代的盛世面貌？康乾时期的气候温和稳定，人口应该稳步增长，我们与欧洲对比也是如此；明末美洲白银流入中国减少导致通货紧缩的话，"1641—1670年获得的白银下降到2400吨，不如1601—1640年的6000吨"，那么入清之后"仅美洲白银，18世纪中国就获得了26 000吨，是17世纪的两倍"，这些白银刺激了生产和消费的增长，从而支持了人口的增长。

其四，清朝和明朝强敌环绕的环境亦不一样。清朝接收了明朝军事改革的成果，然后迅速在对内战争（平定三藩之乱，收复台湾、少数民族、教门帮会等）和对外战争（"十全武功"之三、四）中取得胜利，最终建立了多民族的强大帝国，整合成了一种超越性、新形态的政治体，这一点自然与耕地的扩张息息相关。于是国人在丁税取消后人身依附关系松弛的前提下"闯关东""走西口"。

其五，明清易代对地主的打击和造成的"人口真空"，造成了地权分散，也提高了佃农的地位。清代租佃制度的发展，主要表现为分成租制转向定额租制、押租制和永佃制的发展，土地所有权和经营权充分分离，农民拥有了田面权，靠土地流转成为"二地主"，实现了资源的优化配置。无论是自耕农还是田面权商品化的佃农，在"有恒产"安全感心理下，就会乐意改良土地、努力生产。所以，减轻了地权分配不均的负面影响，有人认为"在土地面积没有大幅增加的情况下，清代土地产出多养活了两三亿人口"。

被高估的美洲作物

美洲作物作为技术革新的表征之一，既然技术革新不是人口增长的原因，那么美洲作物也不应该引发人口增长，而应该是人口增长后对美洲作物的自发选择。

"时间"上的不一致

笔者结合已有众多微观研究（玉米：浙江、云南、陕西、山西、广西、甘肃、四川、山东、安徽、黑龙江、贵州、河南、陕西、湖北、湖南、秦巴山区、西南山区、土家族地区等；番薯：浙江、江西、广西、四川、山东、福建、河南、河北、广东等；玉米研究完全碾压其他美洲作物研究，番薯研究仅次之）发现：

一是玉米、番薯虽然传入时间较早，但发挥功用时间较迟，除了番薯在明末的福建、广东尚有可圈可点之处外，基本都不入流，直至清乾隆中期之后南方山区开始推广，在道光年间完成推广。换言之，18世纪中期到19世纪中期是两者在南方山区推广最快的阶段，之后才作为主要粮食作物发挥了巨大功用。在南方平原地带，则一直建树不多；最终在南方形成了西部山区玉米种植带和东南丘陵番薯种植带，虽有交汇，却分庭抗礼，边界在湖广、广西。

二是北方玉米、番薯推广更晚，清光绪以降的清末民国时期才有较大发展，最终奠定了一般粮食作物的地位，然仍无两者在南方山区之地位。玉米胜于番薯，尤其在春麦区番薯几无踪迹，玉米在北方山区值得一书，在平原也有所发展，在总产量上得以超越南方。

由此可见，玉米、番薯完成推广开始发生较大影响是始于19世纪中期，此时人口已经达到帝制社会的峰值，19世纪中期之前的人口增长率并不高，没有美洲作物也可以达到这个增长率。更何况，19世纪中期包括之后的一段时间，玉米、番薯还更多是南方山地的主要粮食作物，南方平原和北方大区未在主要受辐射的范围内。而且，南方山区人口并不是人口增长的主力，中国历史上任何时间人口集中的地区都是在传统农区（平原地区）。美洲作物增长了山区人口，山区环境承载力决定了不可能容纳太多的人口；山区人口基数过低，如果以山区为标杆测算增长率，自然会以为中国人口大幅增加。况且山区人口增加也不是归功于美洲作物，而是"移民潮"，有清一代移民活动空前激烈，移民大大加速了人口增长，山区高得惊人的人口增长率并不是人口自然增长率。

总之，美洲作物和人口增长在"时间"上不一致，不是正相关的关系。将引种先后和种植力度下等号，再与人口增长关联的做法也是不可取的。太平天国运动之后美洲作物影响渐广，但处在人口增长低潮期，与人口之间的关系更加难以揣度。

民国时期数据的再研究

民国以来是美洲作物的南北方发展时期，民国时期美洲作物的影响力肯定是大于清代的，如果我们洞悉民国时期玉米、番薯的面积比、产量比，有助于我们理解清代状况。民国时期的调查数据虽然有所欠缺，但已经弥足珍贵，集成兹列于下表。

民国时期美洲作物数据统计

时间	内容	出处
1914 年	玉米种植面积占作物种植面积的 4%，番薯占 1%；玉米产量占粮食总产量的 5%，番薯占 2%	李昕升，王思明：《清至民国美洲作物生产指标估计》，《清史研究》2017 年第 3 期
1914—1918 年	玉米种植面积占作物总种植面积的 5.5%，番薯占 1.7%；玉米产量占粮食总产量的 5.18%，番薯占 2.49%	德·希·珀金斯：《中国农业的发展 1368—1968》，上海译文出版社，1984
20 世纪20 年代	玉米种植面积占作物总种植面积的 6%，番薯占 2%；玉米产量占作物总产量的 5.63%，番薯占 2.55%	张心一：《中国农业概况估计》，金陵大学，1932
	玉米种植面积占作物总种植面积的 6%，番薯占 2%；玉米产量占粮食总产量的 6%，番薯占 3%	冯和法：《中国农村经济资料》，黎明书局，1933
1929—1933 年	玉米种植面积占作物总种植面积的 9.6%，番薯占 5.1%	卜凯：《中国土地利用》，金陵大学，1941
20 世纪30 年代	玉米种植面积占作物总种植面积的 6%，番薯占 2%	方显廷：《中国经济研究（上册）》，商务印书馆（上海），1938
	玉米种植面积占作物总种植面积的 6%，番薯占 2%；玉米产量占粮食总产量的 6.78%，番薯占 4%	吴传钧：《中国粮食地理》，商务印书馆（上海），1947

虽是不完全统计，但已经能够反映大多数学者的总体认同，玉米、番薯在抗战全面爆发之前在作物中所占比例，无论是面积还是产量，都并无巨大优势。除了传统稻麦占绝对优势之外，大麦、高粱、小米、大豆的种植面积均超过玉米、番薯，更不用提其他美洲作物了。一句话，传统南稻北旱的格局依然以传统粮食作物为主，并没有被美洲作物所打破。也难怪当时北方的两年三熟、南方的水旱轮作，还是较少有美洲作物参与的。如果在民国初期美洲作物是如此面相，我们来回溯清代的状况，美洲作物定是只弱不强，其对人口的贡献也就不过寥寥了。

高产与低产之间：种植制度的博弈

中南美洲是美洲作物的世界起源中心，但在漫长的历史时期，并无"人口爆炸"一说。如果按照今天美洲作物的高产特性，说玉米、番薯养活了大量新增人口是有一定道理的。但是，传统社会的美洲作物，并没有我们想象的那样高产。我们一向称玉米、番薯为"高产作物"其实有点言过其实。

所幸民国时期具体数据增多，通过整理，大致可以发现单产玉米在95千克左右，番薯在500千克左右（见下表）。民国时期玉米、番薯不是作物改良的主要对象，所以清代大致也是这个水平，一脉相承。

历年重要农作物单位面积产量单位　　　　　单位：市斤/市亩

作物	1931 年	1932 年	1933 年	1934 年	1935 年	1936 年	1937 年
稻	325	366	337	273	334	341	341
小麦	145	143	153	151	136	149	118
大麦	153	158	156	168	158	166	132
高粱	178	187	191	173	188	199	179
小米	167	166	167	157	169	171	154
玉米	188	192	184	176	189	181	180
番薯	990	1117	1022	957	1076	932	1093
大豆	153	157	178	144	139	160	158

资料来源：章有义，《中国近代农业史资料 第三辑（1927—1937）》，生活·读书·新知三联书店，1957 年，第 926 页。

　　番薯水分较多，折合成原粮按照四折一的标准，也就是125千克，1949年之后更多地按照五折一，那番薯的亩产就更低了。玉米约95千克，番薯约125千克，当然不可能比水稻高产，水稻在当时一般亩产量是150千克。小麦的亩产虽然不高，但和水稻一样，价值很高，再者说小麦是良好的越冬作物，综合效益上是不可能被美洲作物超越的。美洲作物不能取代它们，所以这就是玉米难以在南方平原、番薯难以在北方平原扎根的原因之一。番薯难以融入北方，主要是因为番薯和小麦不能很好地轮作，接茬时间上出现了冲突，番薯与玉米则契合得较好，这也是后来玉米在北方大发展的原因之一。

　　水稻、小麦不提，玉米、番薯单产相对其他杂粮固然略有优势，但优势不是很明显（和高粱相比），在传统作物搭配根深蒂固的前提下，很难做排他性竞争。此外，它们不易于做成菜肴和被饮食体系接纳，经常见到记载认为玉米、番薯适口性不好，更难引起文化上的共鸣，这些心理因素是发展的鸿沟。

"钱粮二色"的赋税体系

玉米、番薯在明末传入之初，作为奇物风头一时无两，但是随着国人对其认识的加深，物以多为贱，其不费人工、生长强健、成本低廉、产量颇丰等因素决定了其价值不会很高。尤其是它们之后作为山区拓荒作物，只有穷人才吃，口感确实也不好，必然不会受到地主和权贵阶层的青睐。诚如历史学家李中清所言，由于人们对番薯等新作物口味的适应性较慢，新作物的明显优势最初都被忽视了；同样，番薯等美洲作物一般来说只是贫困人民才会食用，人们将其作为一种新的底层食物。有清一代，美洲作物基本没有被纳入赋税体系。

传统社会的赋税体系是"钱粮二色"本位，不管两者的比例消长，无论是"钱"还是"粮"都基本与美洲作物无涉。"钱"的话美洲作物卖不上价，吃这些食物是不得已而为之的办法，农民即使想凭借美洲作物换钱完课是不可能实现的。更何况交通不便、市场不完善，即使是商品粮和经济作物，农民也要忍受中间商的盘剥，更何况玉米、番薯了。"粮"的话无论是交租还是纳粮，都不包括美洲作物，价值不高、口感不好、层次较低、饮食习惯等都决定了业主不可能以此充"粮"，这里说的"粮"南方是水稻，北方主要是小麦，小米、黄米、高粱兼而有之，俱是传统粮食作物。

还有一个因素限制了美洲作物的推广，也是与赋税体系相关，租佃关系下清代同时盛行分成租和定额租。定额租或许会好一些，但是分成租地主对农民人身依附关系控制强烈，农民饱受压迫，地主不但亲自"督耕"，还强迫农民种植特定作物，农民没有选择的自主权，更别提在分成租的前提下农民经济实力弱小，往往还需要地主提供生产工具、耕牛、种子等，地主肯定不会让农民种植玉米、番薯这些低级作物。所以，租佃关系越发达的平原地区，玉米、番薯的影响越小。

除非税赋体系出现严重问题，美洲作物是不会成为课税对象的。要么山区开荒那样不涉税赋的情况，免于"升科"或赋税极低；要么有主山场租金极低；要么土地清丈困难，便于隐匿。美洲作物在这些地区是很有需求的，但也仅限于自食自用。

商品农业与美洲作物的博弈

玉米、番薯可以不需要像稻麦一样精耕细作，于是农民可以腾出手来搞一些商品性农业，这在山地开发初期是很有优势的。流民"熙熙攘攘，皆为苞谷而来"，给我们一种暗示就是客民都是为了种植玉米才来的，玉米、番薯省力省本省时，他们大老远跑来就是为了吃饱吗？这在逻辑上是说不通的。李中清先生发现西南人口的增长主要是得益于由于中心工业区发展和城市扩大吸引而来的移民，美洲作物直到18世纪晚期还没有成为西南主要食物来源；王保宁教授也发现棚民进山主要是为了山林经济，玉米充其量不过是林粮间作的附属"花利"。这些不但可以证明山区人口增长在先，然后"人口压力决定粮食生产"，更反映了流民是为了利益而来，他们披荆斩棘、辛苦备尝，不是为了苟活于世那么简单，不少棚民身家甚富，不但预付租金，而且雇工经营。

垦山棚民明代后期已有之，当时人口矛盾并不如清代这么突出，也没有什么美洲作物大举开发之举，之所以背井离乡无非是利益的驱动，通过种植一些经济作物来获利，如靛蓝、苎麻、甘蔗、罂粟和一些经济林木等，"皆以种麻、种菁、栽烟、烧炭、造纸张、作香菇等务为业"；清代中后期，又加入了烟草、美棉、花生等后来居上的作物，这才是棚民垦山的真正目的。山区缺粮问题一直存在，传统粮食作物不但低产而且价格昂贵，聚集的人群越多，经济作物越是挤占良田，粮价越贵，玉米、番薯正好迎合棚民对粮食的需求，于是一拍即合，加剧了民食粗粮化。虽然史家均认为货币地租在近代之前不占主流且江南货币地租采用比较多，山区商品经济固然没有江南发达，但是货币地租的比例不一定比江南低，盖因山区纳粮是比较困难的，相当一部分的地租只能通过经济作物这个实物形式转化为货币形式。

既然如此，我们就知道经济作物一定占据了较大的份额，山区开发之始经济作物生产与粮食生产之间的矛盾就一直存在，在地方社会争论不休，却悬而未决。不过既然经济作物连良田都可以挤占，何况是玉米、番薯？所以它们在推广的同时也要面临经济作物的竞争，这是一个同步的过程。美洲作物归根结底是一种用来糊口的无奈选择。

学界已经重新评估明清山区商品性农业的发展，指出其充其量不过是"生计型"和"依赖型"农业商品经济，不足以实现经济根本转型。受制于严峻的生态和生计现实，一直占绝对主体地位的山区稻作经济不仅停留在糊口的发展水平上。可见，山区作物的"老大"既不是美洲作物也不是经济作物，还是水稻。山区农民尤其是汉人移民首选的还是稻（水稻、旱稻、糯稻），除了山间坝子之外，即使不是很适合稻作发展的丘陵，农民也力争种植稻谷，千辛万苦开垦梯田也在所不惜，这就是山区的"技术锁定"。其中的原因是很复杂的，涉及种植习惯、技术惯习、饮食习惯、高产价高四大因素，限于篇幅我们不再展开。

量化证明美洲作物与人口增长没有直接关系

历史研究一般是有一分资料说一分话，陈硕与龚启圣文虽然颇有启发，但是结论未免有点惊世骇俗，与笔者长期以来研读史料、定性研究的结论大相径庭。基于此，笔者撰写了论文《清至民国美洲粮食作物生产指标估计》（《清史研究》2017年第3期），文章的初衷是"以量化对量化"。量化史学认为史学研究缺乏"用数据说话"，因为没有大样本统计分析、检验假说的真伪而为其诟病，易言之，他们认为这仅仅是假说，并非历史事实，很可能被证伪。这确实是科学严谨的态度，然而却忽略了史学家也并非是"拍着脑袋想问题"，而是建立在"板凳须坐十年冷"这样的苦功夫的基础上，阅读了大量文献（大样本）后方奠定研究基础，必是以求真务实为依据的。明证就是量化历史的结论验证的史学假说多是被证明是正确的，事实上量化历史提出的假说也并非凭空构建的因果关系，而多是由史学家率先提出的。

我们利用大量一手资料尤其是前人所未用的台北近代史研究所

档案馆档案，结合农学知识、史学积累，得出的结论就是：19世纪中期，玉米、番薯就提供人均粮食占有量约为22千克，能够养活2473万~2798万人，至少太平天国运动（人口峰值）之前的人口压力并非源自美洲作物，即美洲作物不是刺激人口增长的主要因素，就全国而言美洲作物发挥更大功用的时间在近代以来，已经错过了人口激增的阶段。至少在美洲作物的问题上，并非传统史学，而是量化史学把虚假的相关性看成因果关系。举一个不恰当的例子，如果只把目光聚焦到作物上，2015年国家推出了"马铃薯主粮化战略"，若干年后，恐怕也会有人认为土豆是21世纪人口增长的主因，而忽略了全面放开二孩的政策，这就是量化历史的风险。

总之，所谓"进了山区就是美洲作物的天下"是一种错觉。即使是山区旱地望天田，美洲作物占据绝对优势，也不可能完全排挤掉大麦、荞麦、小米等多样杂粮，这是中国农业的特色，加之经济作物、梯田这样商品农业与美洲作物的博弈，实在不能过分高估美洲作物的地位，作为糊口作物、补充杂粮的定位从一开始就决定了不可能超越水稻，卖细留粗、暂接青黄才是它们的闪光点。

玉米的称霸之路

　　玉米原产于美洲，学名玉蜀黍（*Zea mays* L.）。玉米在我国别名较多，如番麦、棒子、包（苞）米、玉（御）麦、包（苞）谷、包（苞）芦等，据咸金山先生统计有不同名称99种之多。玉米明代中期传入我国，一般认为是经多渠道传入。虽然早年也有一些言论认为玉米独立起源于中国或印度，21世纪以来已经无人提起，这种虚假的言论早已经没有了市场。

　　玉米在美洲作物史中的地位是首屈一指的，这与其古今重要性是分不开的，它是美洲粮食作物的典型代表。域外作物本土化一般要经历漫长的历程，如小麦在史前便从西亚传入中国，在中国确立主粮地位却要到唐代，前后经历了几千年的时间。玉米（包括番薯）不过花了几百年，如此迅速地产生如此重大的影响着实让人叹为观止。如今（2010年起）玉米已经取代稻、麦成为第一大粮食作物，这其中的内生逻辑与畜牧业息息相关。当然，就如同今天玉米是第一大粮食作物，而并非第一大口粮一样，对其的认识一定要辩证客观，否则在研究玉米史的过程中便会陷入"美洲作物决定论"的怪圈。

玉米传入中国

"东南海路说"，就是指玉米经葡萄牙人或中国商人之手较早传入我国的浙江等东南沿海地区。成书于明隆庆六年（1572）的《留青日札》记载："御麦出于西番，旧名番麦，以其曾经进御，故曰御麦。干叶类稷，花类稻穗，其苞如拳而长，其须如红绒，其粒如芡实大而莹白，花开于顶，实结于节，真异谷也。吾乡传得此种，多有种之者。"可见玉米在此之前传入浙江沿海，杭州文人田艺蘅的记载是"东南海路说"的主要依据之一。但是玉米在传入浙江后的一百年都没有得到大面积推广，在清康熙之前的方志记载仅有三次：乾隆《绍兴府志》引明万历《山阴县志》"乳粟俗名遇粟"；光绪《嘉兴县志》引明天启《汤志》"所谓秔糯粟者即此耳"；以及明万历《新昌县志》仅记载"珠粟"一词。山阴县、嘉兴县均位于多山的浙江的北部平原地带（杭嘉湖平原和宁绍平原），新昌县距离宁绍平原不远，可见玉米在明末清初一直局限在浙北平原。

"西南陆路说"——哥伦比亚大学富路德（L.Carrington Goodrich）教授发表在美国《新中国周刊》上的研究成果，蒋彦士先生在1937年将之译为中文："1906年，劳费尔博士发表一杰作，谓'玉蜀黍大约系葡萄牙人带入印度，由印度而北，传布于雾根、不丹、西藏等地，终乃至四川，而渐及于中国之各部，并未取道欧洲各国'。劳氏谓玉蜀黍初次输华时期，约在1540年，此或最早输入中国之说，但亦未足恃为定论。"劳费尔博士的研究结论，在今天看来仍有合理性。何炳棣先生又作了进一步的补充，认为玉米推广最合理的媒介是云南各族人民，明代云南诸土司向北京进贡的"方物"就包括玉米。总之，西南一线中云南最先引种玉米，进次推广到其他省份。方志的记载更为可靠。明嘉靖四十二年（1563）《大理府志》载："来麦牟之属五：大麦、小麦、玉麦、燕麦、秃麦。"这是玉米在云南方志中的最早记载，从时间上看不仅与西北一线最早的嘉靖《平凉府志》的记载时间相差无几，更早于东南地区玉米的最早记载——成书于隆庆六年（1572）的《留青日札》。所以，西南陆路确实是玉米传入中国的路径之一，考虑到方志记载玉米的时间肯定晚于玉米在当地的栽培时间，至迟在16世纪中叶玉米就应该引种到了云南。

值得注意的是，"东南海路说""西南陆路说"虽然笔者认为是比较合理的，但是学界确实有少部分人有不同意见。由于史料较少，我们也不能判断"东南海路说""西南陆路说"真的就不存在，需要借助于两个突破，一个是农业考古，一个是西方传教士文献与商业贸易档案，这方面无新材料，可能整体不会有突破。这也是笔者后来很少介入源头问题的原因之一，而且传入、引种等难以明说的问题，在整个玉米史研究中也并不是非常重要的问题。但是，大家对"西北陆路说"是没有任何疑问的，这是一条确凿的路径。

"西北陆路说"——玉米最早出现在明嘉靖三十九年（1560）的《平凉府志》："番麦，一曰西天麦，苗叶如蜀秫而肥短，末有穗如稻而非实。实如塔，如桐子大，生节开花垂红绒，在塔末，长五六寸，三月种，八月收。"这不仅是玉米在方志中，也是玉米在中国的最早记载，没有人否定这一结论。《平凉府志》之后，西北亦有其他相关证据，如万历《肃镇华夷志》中的"回回大麦：肃州昔无。近年西夷带种，方树之，亦不多。形大而圆，白色而黄，茎穗异于他麦，又名'西天麦'"，证据链条可信，加之玉米的一些早期别名"西番麦""番麦""西天麦""回回大麦"等，传入路径指向清晰，确无疑问。诚如《二如亭群芳谱》所说："以其曾经进御，故曰御麦，出西番，旧名'番麦'。"可能为西方使节进贡之物。

虽然玉米在传入之初只在平原种植，但玉米的亩产不低，所以《留青日札》载"吾乡传得此种，多有种之者"，但是与水稻等传统作物相比，玉米仍处劣势，在五谷争地的情况下，玉米这种新作物并没有竞争优势，难以大面积推广。各省情况均是如此，玉米虽然引种较早，却发展缓慢，尚不能作为一种粮食作物在农业生产中占有一席之地，《本草纲目》记载玉米"种者亦罕"，《农政全书》也只在底注中附带一提。

玉米异军突起

玉米的发挥优势远慢于番薯，可以说是后来居上，直到玉米遇见山区，才真正地发挥优势和被重视起来。玉米的抗逆性较强（高产、耐饥、耐瘠、耐旱、耐寒、喜砂质土壤等），能够适应山区的生存环境，充分利用了之前不适合栽培作物的边际土地，且有不错的产量。

清乾隆以后的百余年，即18世纪中期到19世纪中期，玉米的推广大大地超过了以前的200多年，其中发展最快的，当推四川、陕西、湖南、湖北等一些内地省份，而陕西的陕南、湖南的湘西、湖北的鄂西，都是外地流民迁居的山区。此外像贵州、广西以及皖南、浙南、赣南等山地，也发展迅速。换言之，18世纪中期到19世纪中期是玉米在南方山区推广最快的阶段，之后才作为主要粮食作物发挥了巨大功用，在南方平原地带，则一直建树不多；最终在南方形成了西部山区玉米种植带。

移民在玉米价值的诠释和玉米的进一步推广中功不可没，如清乾隆《镇雄州志》载："包谷，汉夷贫民率其妇子开垦荒山，广种济食，一名玉秫。"18世纪中后期玉米已经是外来移民或者穷人的主要食物。此外，乾隆以来的一系列山地"免升科"的政策，加速了棚民对山地的开发，早在乾隆五年（1740）七月的"御旨"就规定"向闻山多田少之区，其山头地角闲土尚多……嗣后凡边省内地零星地土可开垦者，悉听本地民夷垦种，免其升科"。而且，种植玉米的成本很低。首先租赁山地花费很少，山地在棚民开发之前多为闲置，所以在棚民租赁山地时，山主自然原意以极低的价格将多年使用权一次性出售。

北方玉米推广更晚，光绪以降的清末民初才有较大发展，最终奠定了一般粮食作物的地位，然地位仍并无其在南方山区之地位。玉米在北方山区值得一书，在平原也有所发展，在总产量上得以超越南方。此外，清嘉庆以来，多见官方禁种玉米，这些虽有效果，但收效不大，玉米暗合了棚民开山的需求，屡禁不止，愈演愈烈，归根到底，这些都是农民自发选择，不是国家权力所能管控的。

到了民国中后期，玉米更为强势，挤占了北方一些传统粮食作物，在北方大平原，尤其是东北地区有了较大的发展，取得了对南方的绝对优势，部分原因在于南方平原始终少有玉米的影子。玉米相对番薯更容易进入种植系统，盖因番薯生长期太长，春薯、夏薯均与冬小麦相冲突，冬小麦完全可以选择玉米进行前后搭配，用地和养地相结合，取得"一加一大于二"的效果。总之，玉米与本土作物进行了较好的配合，参与到新的一轮轮作复种体系当中。

在强人口压力下，玉米的推广养活了山区众多的新增人口，玉米本身除了比水稻种植简单之外，生长期比水稻更短，在水稻未收获前成为补充口粮、解决青黄不接的重要食粮。玉米既充当了主食又被视为重要经济作物，全身是宝，无一废物，还诞生了不少名优品种。某些地区几乎完全仰仗玉米，玉米除了作为口粮、饲料之外，还可加工酿酒，是酿酒的四大原料之一。同时玉米"初价颇廉，后与谷价不相上下"，不但成为棚民的粮食保证，价格也刺激棚民不断扩大生产。

玉米在艰难中发展

新作物玉米被人们接受经过了漫长的时间，如清乾隆《东川府志》载："玉麦，城中园圃种之。"只是作为一种蔬菜作物种植在园圃中，这不是个案。山地作物玉米具有明显的优势，但由于人们口味的适应较慢，玉米的优势被自然地忽视，在城镇中更是如此。可以说，玉米的引种和推广可以视为一种技术革新措施，但是没有立即促进人口增长，反而是因为18—19世纪人口压力的原因，玉米才成为主要粮食作物。

玉米生长期短，理论上是可以作为冬小麦的前后作，但是我们看见的多是前作。这就是北方两年三熟的种植传统"麦豆秋杂"，麦后多种大豆，冬小麦对土壤肥力消耗过高，如果再种植粟、玉米等，必然影响土地的肥力，来年必定减产，而豆类则达到了较好的养地目的，华北有农谚"麦后种黑豆，一亩一石六"。玉米其实对土壤要求不低，没有适量的水、肥，玉米产量并不高，所以有高产潜质的玉米也不过亩产一百来斤。

　　既然玉米可以作为冬小麦的前作，为什么没有完全碾压高粱、小米、黍等？心理因素和种植习惯只是一个方面，更重要的是农民的道义经济。传统农民追求秋粮的多样化，"杂五谷而种之"，求得稳产历来比高产更重要，分散了经营风险，何乐而不为，除非其中一种作物优势明显，这是中国农民的智慧。联想到今天农业产业过于单一化，抗风险能力较差，一旦出现问题，冲击是剧烈的，爱尔兰大饥荒便是如此。规避风险之外，农民不选择玉米也是符合客观规律的。我们看到玉米的抗逆性强，耐寒耐旱耐瘠，但是没看到玉米耐旱不如小米、耐寒不如荞麦，所以玉米也不是万能的"良药"。在干旱无灌溉的地区改种玉米、在海拔2000米以上的山地种植玉米，不会有好的收成。"风土论"在这里需要被重提，不同作物生态、生理适应性不同，在经纬地域分异和垂直地域分异下形成的环境特性是自然选择的结果，盲目改种玉米的亏，1949年后我们是吃过的。玉米尤其怕涝，适当干旱有利于促根壮苗，如果土壤中水分过多、氧气缺乏，容易形成黄苗、紫苗，造成"芽涝"，因此，玉米苗期要注意排水防涝。玉米较早地传入东南各省，但是一直局限在一隅，未能推广开来，部分归因于沿海平原地区并不适合玉米的栽培，在低洼地、盐碱地，高粱就具有了绝对优势。所以我们才看到，美洲作物虽然最先进入沿海平原，但是却在山区开花结果，然后又影响了部分平原这样的逆"平原—山地"发展模式。

玉米在南方山区就一帆风顺吗？南方山区其实并不适合发展种植业，如果没有玉米，开发深度不够，最终会走上发展林牧副业的道路。玉米大举入侵之前不是没有粮食作物，如荞麦、大麦、燕麦、小米等，显然它们在山区算不得高产作物，不会形成规模。玉米虽然在平原没有优势，在不宜稻麦的山区却是名副其实的高产作物，排挤了传统杂粮。

但是，山区自然条件大举发展种植业问题多多，山区土质疏松、土层浅薄，仰仗林木保持水土。深山老林一旦开发，过度利用泥沙俱下，水土流失严重，棚民垦山种植玉米带来环境问题类似记载在文献中汗牛充栋，研究发现民国时期玉米主要产区与今日石漠化分布区一致，这些都导引了亚热带山地的结构性贫困，最终连玉米都没得种。玉米确实有这样的本事，玉米根系发达、穿透力强，加剧了土壤松动，比较而言，番薯对生态破坏影响最小，且比玉米适应性强，并不是我们一般认为的番薯结实于土中对土层要求高，土层浅、肥力低、保墒差的山区上，番薯可能比玉米更适合耕种，唯番薯喜温暖，不及玉米耐寒。

前文已述总体上玉米多在西部山区，西部山区水热条件差些，玉米也能适应。所以，在山地开发初期，玉米尚能满足需求，后期随着人口密度的加大、水土流失的严重，自然条件允许下的梯田稻作实为更好的选择。梯田在清代达到了开发高潮，兴修的大量陂、塘、堰、坝就是为了配合这种发展，此种南方山区的立体农业百利而无一害，既可自流灌溉又可引水灌溉，在保持水土的同时又非常高产。产出的水稻很宝贵，农民往往卖细留粗，所以说玉米在开发后期也是有一席之地的，尤其玉米最短90天就可收获，有救荒之奇效。

中国第一大作物

玉米真正的大发展是在中华人民共和国成立之后，这一时期成为美洲作物发展的分水岭。1949年之后玉米种植面积迅速超越小米，成为继稻麦之后妥妥的中国第三大粮食作物，2010年以来更是成为中国第一大作物并长期霸占首位。为何玉米在1949年之后异军突起？

第一，1949年之后的中国人口形势更为严峻，人口压力一年高过一年；发展畜牧业需要大量饲料，逐渐确立了玉米在饲料中的主导地位。在传统粮食作物增产达到一定瓶颈的前提下，玉米值得被投入更多的关注。玉米确实也具有增产的潜力，在传统社会没有被关注的条件下都能达到那样的高度，如果精耕细作，产量必有提升，历史也证明了这一点。

第二，中国共产党领导基层群众的天才亘古未有，行政命令有令必行。1955年，国家把"增加稻谷、玉米、薯类等高产作物的种植面积"列入第一个五年计划中，《1956年到1967年全国农业发展纲要》又明确提出"从1956年开始，在12年内，要求增加31000万亩稻谷，15000万亩玉米和1亿亩薯类"，可见国家对于玉米的重视，除了水稻无出其右。

第三，1970年之后，主要由于高产杂交玉米的快速推广，玉米单产持续增长，1978年达到了亩产187千克，比民国时期翻了一倍，1998年达到351千克又翻了一番，2015年达到393千克。加之国家对土地零碎化的整治、水利更加健全等因素，玉米单产不断增加，更加具有竞争力，于是播种面积也水涨船高，最终玉米在2010年成为中国第一大粮食作物。

第四，随着我国居民收入水平的提高，玉米作为直接食用的粮食越来越少见，但是产量却越来越多，这与畜牧业发展的逻辑息息相关，依赖于大量粮食饲料的家畜饲养业消耗了比以往更多的粮食资源。作为主要饲料来源的玉米，市场需求量显著增加，在玉米消费结构上，玉米种植面积的扩张趋势与中国人均消费肉禽蛋奶增长的趋势近乎同步。玉米与豆粕是中国家畜饲养业主要使用的饲料种类，玉米在取得了第一作物的地位后，玉米消费基本维持在自给自足阶段，没有玉米的高产量的话，中国饲料粮则需仰赖进口，粮食安全会受到挑战。

中国64%的玉米都用作饲料。

玉米和农民起义发生率有关系吗？

笔者经常看到一些奇怪的文章题目，譬如《玉米为什么无法拯救明朝》《玉米和红薯能否救大明》。为什么要将一两个农作物与明朝的灭亡联系起来？关于明朝灭亡，这是一个研究比较成熟的问题，可以说明朝灭亡既有偶然，也有必然，这是诸多因素共同导致的结果。近年来开始有些学者"脑洞大开"地将玉米、番薯与明朝灭亡相关联，由于明朝灭亡是一个既定的事实，所以他们认为，玉米、番薯没有挽救明朝，原因有：

> "这两种作物的食用口感不如大米和面粉，特别是番薯食用之后有胀气、泛酸等不良反应，因此百姓的种植积极性不高。而到崇祯年间，全球进入小冰期，再在全国范围内，特别是最严重的陕西地区推广种植玉米和番薯，从时间上来说已经来不及了。"

> "当时玉米作为粮食的价值也没有被人们所认识……正是明朝统治者的愚蠢，没有因势利导推广玉米种植，从而为自己失掉了度过危机的最后机会……即使当时的明朝统治者推广了玉米种植，也不能从根本上摆脱危机，而只会推迟危机的发生。"

以上言论不在少数，根据一些明代穿越小说描述，崇祯年间天下大旱，主人公是靠推广玉米和番薯解决了人们的粮食问题，消弭了农民起义，改变了历史。以上言论真是让人看得急火攻心。不说这是一种"事后诸葛亮",拿今天的先验性结论去反套古代,同时也是把古人当傻子。

实际上古人并不是傻,缺乏农学知识、农村生活经验的现代人才是傻子。处在温饱挣扎线上的古代农民,对于该种什么不该种什么计算得十分精明,这是农民的道义经济学。玉米、番薯传入之初,由于比较新奇,确实得到过一些特殊待遇,比如《金瓶梅》提到过"玉米面鹅油蒸饼",这是招待客人的一等一美食;清乾隆《盛京通志》也说玉米是"内务府沤粉充贡"的皇家御用品;陈鸿在《国初莆变小乘》中说:"番薯亦天启时番邦载来,泉入学种,初时富者请客,食盒装数片以为奇品。"可见人们不是知道它们的好处。后来它们发展壮大了,成了"大路货",大家反而不喜欢种了,即使是灾荒年,赶紧抢种一下救救急,但度过灾荒后,为什么不种了?原因比较复杂,主要有饮食习惯、种植制度、技术惯习、经济效益等多重原因。到了清后期开始种得多了,这是因为人口已经太多,没得选了。

这里我们主要谈玉米与农民起义之间的关系,番薯姑且不论,因为番薯在传统社会的重要性不如玉米,搞清楚了玉米,番薯问题也就水落石出。问题主要是针对陈永伟、黄英伟、周羿《"哥伦布大交换"终结了"气候—治乱循环"吗?——对玉米在中国引种和农民起义发生率的一项历史考察》一文(《经济学季刊》,2014年第3期,以下简称"陈文",对原文内容的引用不再标注)。

"哥伦布大交换"终结了"气候—治乱循环"吗?"哥伦布大交换"(Columbian Exchange)陈文主要是指明清时期美洲作物传入中国,并产生的一系列影响;"气候—治乱循环"也就是历史上由于气候变迁引起的社会治乱。陈文此项命题的前提是中国王朝历史存在"气候—治乱循环"，气候变迁与社会治乱的关系是否成立笔者暂且不谈，这不是本章主要讨论的，当然笔者认为历史上影响农业生产从而影响社会治乱的因素有很多，气候只是其中之一；笔者也认为影响社会治乱的因素除了农业生产外也有很多因素，与气候则毫无关联。

只有"哥伦布大交换"能终结"气候—治乱循环"吗？

为什么单拿出"哥伦布大交换"讨论，并认为其可能会终结"气候—治乱循环"？笔者略有不解。中国历史上的"农业革命"（该词可能不甚妥当）何止明清时期的"哥伦布大交换"，如春秋战国时期铁农具、牛耕的应用和普及，精耕细作的农业开始发生；再如唐代北方冬小麦主粮地位的确立，南方水稻集约技术体系的形成。如果可以把农业技术的划时代进步称之为"农业革命"的话，试举的两例都可谓"农业革命"。当然，明清时期美洲作物的引种尤其美洲粮食的作物引种，视为一项技术引入，也堪称"农业革命"。"气候—治乱循环"应该是贯穿古代社会的，笔者并不认为"哥伦布大交换"比之前的农业革命的意义更大。如果"哥伦布大交换"存在终结"气候—治乱循环"的可能性，那么此前的农业革命也具有可能性。如此论之，"气候—治乱循环"在历史上伴随着技术进步常有会被推翻的危险，说明该"循环"并不稳定，其他的"不稳定因素"均值得探讨。反之，"气候—治乱循环"也就是一种稳定的循环，除了气候因素之外其他任何因素都无法决定是"治世"还是"乱世"，陈文也就没有提出命题的必要了。

陈文也指出了"哥伦布大交换"存在"环境塑造效应"，带来了一定的负面影响。历史时期很多农业进步几乎全无负面影响，如富兰克林·哈瑞姆·金（F. H. king）津津乐道的有机肥料施用，我们在战国时就已经比较普遍，"多粪肥田""土化之法"之说先秦已有之，"远东的农民从千百年的实践中早就领会了豆科植物对保持地力的至关重要，将大豆与其他作物大面积轮作来增肥土地"。这里再提下"85项'中国古代重要科技发明创造'"，其中涉及农业科技就有十余项。又如生态农业、山地梯田等，不可胜举，百利而无一害。

清代的农业成就都有终结"气候—治乱循环"的可能性

清代，一些农业生产进步的表现除了美洲高产作物的引种，还有其他许多方面。

一是耕地面积的扩大。尤其是在边疆地区，东北、新疆、西南一带，以"下云贵"为例，从《清实录》的数字来看，雍正初年到道光末年（1723—1850），云南共新增耕地约32911.6公顷；贵州自康熙四年到嘉庆二十三年（1665—1818），共新增耕地10184.07公顷；广西从顺治十八年至道光二十九年（1661—1849），共新增土地面积43177.13公顷。这些地区本来就地广人稀，鼓励垦荒是一种政策性措施，"闯关东""走西口"大幅度增加的土地也是如此。新垦土地可以栽培的作物十分广泛，"南旱北稻"是基本的格局，玉米的确能够利用一些不适合耕种的边际土地，尤其在无地可种时玉米便炙手可热，陈文指出"在新垦耕地中，有相当部分是播种玉米等美洲作物的"，笔者是不能同意的。

二是提高复种指数、多熟种植高度发展。清代多熟制的推广，不同程度上提高了粮食的亩产量，在两年三熟制地区提高了12%～30%，在稻麦一年二熟制地区提高了20%～91%，在双季稻地区提高了25%～50%。

三是农田水利建设的发展。仅经朝廷议准的水利工程，从顺治到光绪共974宗，乾隆一朝就占了近半数（486宗），北方的凿井灌溉、南方的塘浦圩田、山区的陂塘堰都有显著的发展。

四是以肥料为中心的技术进步。清代前中期的江南更是堪称发生了"肥料革命"，豆饼的发现被珀金斯称为明清"技术普遍停滞景象的一个例外"。

如果说"哥伦布大交换"能够动摇清代的"气候—治乱循环"，那么清代其他的农业成就也都有资格挑战，清代就是靠这些达到了传统农业成就的最高峰。气候变化造成的不稳定因素，其他农业成就都可以缓解，也就是都具有"风险分担效应"。此外它们也具有"生产率效应"甚至不存在"环境塑造效应"，在一定意义上比美洲作物更为可靠。高估"哥伦布大交换"是不正确的。

垦种玉米不是水土流失和农民起义的必然和主要的原因

棚民聚居的地区，更加容易诱发事端，所以官府采取各种"驱棚"的措施。棚民是由于强大的人口压力和清代垦荒政策入山垦殖的流民，如果没有玉米，棚民大军一样会产生，"棚民之称起于江西、浙江、福建三省，各省山内向有人搭棚居住，艺麻种菁，开炉煽铁，造纸制菇为生"。早在明代中叶玉米尚未推广时，农民便入山种植经济作物，因为"有靛麻纸铁之利，为江闽流民，蓬户罗踞者在在而满"，必然会产生一系列的社会、环境问题，明末浙江就发生了靛民起义，农民起义问题由来已久。"外来之人租得荒山，即芟尽草根，兴种蕃薯、包芦、花生、芝麻之属，弥山遍谷，到处皆有。""更有江西、福建流民，蝟集四境，租山扎棚，栽种烟、靛、白麻、苞芦、薯蓣等物，创垦节年不息。""各山邑，旧有外省游民，搭棚开垦，种植苞芦、靛青、番薯诸物，以致流民日聚，棚厂满山相望。"清乾隆以后的棚民才开始种植玉米，与早期的棚民只认以靛菁为主的经济作物的情况并不相同。但是同样，与玉米伴随而种的作物多种多样，玉米不过是问题的其中一环。

农民起义发生的原因是多种多样的，除了气候变化导致的农业减产外，还有很多深层次的原因，至少明清的农民起义更多是国家体制上的原因。陈支平先生从"政治制度、经济制度、法律制度、道德标榜与现实的背离"四个方面阐述了这种由制度和现实相互背离所产生的对国家体制的破坏力，于是最后国家不是亡于外患就是被自己的人民推翻。如"黄宗羲定律"就是这种背离的表现之一，这都是中国农民起义和社会动乱频繁的原因。

玉米在传入中国之后，种植趋势愈演愈烈，到今天更是占到耕地面积的20%。玉米"环境塑造效应"不过是相对的，如果过度垦山，自然会造成水土流失；如果规划合理，养护有方，像今天一样，并不会造成种植后期的负面效应。事实上，山地大省云南省，虽然在清乾隆中期之后广植玉米，但是由于本身环境承载力较好，爬梳史料，关于玉米引发生态恶化的记载几乎没有，可见其"环境塑造效应"不是绝对的。

玉米种植时间久不等于种植强度大

陈文以玉米在一地种植时间的长短与否作为玉米在该地种植面积和强度的大小的标准，进而成为计量统计的一个重要变量。"种植时间"完全不可以作为"播种强度"的代理变量，这是对玉米传播史的一个误读。

浙江是玉米最早引种的地区之一，明隆庆六年（1572）《留青日札》已见玉米记载，但直到清康熙年间仍局限在浙北平原，两百年间基本上没有传播，乾隆中期玉米才开始通过各种渠道在浙江进一步传播。云南的情况也是如此，明嘉靖四十二年（1563）《大理府志》始有玉米栽培。由于人们对新作物的口味适应较慢，新作物的明显优势，最初都被人们忽视了，因此16世纪就传入西南地区的玉米，直到18世纪仍没有传播开来。目前中国关于玉米可信的最早记载，是嘉靖三十九年（1560）《平凉府志》，但是甘肃（包括新疆）作为玉米传入中国的西北一线，有清一代却罕有记载。浙江、云南作为东南一线和西南一线的代表省份，虽然清代记载不少，但均是乾隆中期之后的事了。玉米在乾隆中期之前，多被视为消遣作物，在院前屋后或菜园"偶种一二，以娱孩稚"。

伴随着移民的浪潮，玉米在中国大规模推广，是清乾隆中期以来，也就是18世纪中期以后，全国各省均是如此。所以根据引种时间的早晚，无法判断种植的强度。为什么会出现这样的情况？诚如李中清先生指出：随着大多数作物新品种的传播，一种以新引进的食物为底层的新食物层次出现了，一般来说，只有那些没有办法的穷人、山里人、少数民族才吃美洲传入的粮食作物。

总之，新作物玉米被人们接受经过了漫长的时间，清代中期以后玉米"生产率效应"才开始发挥，而不是逐渐消失。在内陆山地省份玉米的传播方式是先山地后平原，在沿海平原省份则是先平原后山地。山地在清中期之前多是地广人稀、交通不便，玉米推广缓慢；在平原，玉米与传统粮食作物相比，完全没有竞争优势，平原土地紧俏，玉米在不宜稻麦的山区更能体现出优势。陈文指出的"与传统粮食作物相比，玉米在单位产量上具有明显优势"，属于常识性错误，玉米在山区才能称得上"高产"，在平原上并不比传统的旱地作物单产更高，民国时期玉米平均亩产不过90千克，仅比大麦、高粱之类略高一点。

所以并不能认为"清朝中后期，玉米播种时间更久的地区甚至更容易发生农民起义"，两者没有因果关系，倒是起义的原因有因为只有玉米作为粮食，难以度日，如咸丰、同治年间云南回民起义前后"民食多用包谷，糊口维艰"。也可知，"清初的一百多年时间内，各省增加了近一倍的耕地面积（0.64亿亩）"能落实到玉米头上的，根本是少之又少。

除了种植时间之外的变量，控制变量中的"货币田赋率"

和"谷物田赋率",笔者认为过于武断。玉米的种植在很多情况下并不入国家的正赋,仅作为一种杂粮,"其利独归客户",更不要说种植玉米的土地,多是在"免升科"的山地,早在清乾隆五年(1740)七月的"御旨"就规定"向闻山多田少之区,其山头地角闲土尚多……嗣后凡边省内地零星地土可开垦者,悉听本地民夷垦种,免其升科",道光十二年(1832)经户部议定得到继续加强,"凡内地及边省零星地土,听民开垦,永免升科"。

人口膨胀才导致成为食粮的玉米与"大分流"没有联系

美洲作物是欧洲近代化的推进器,传统的"欧洲中心论"也有提到农业革命的重要性,"加州学派"则认为欧洲的近代化具有偶然性。"哥伦布大交换"对欧洲近代化影响的大小这里不作讨论,至少与中国近代化之间是没有必然联系的,就更不要说"由此滋生的大量人口则进入了更为偏僻的山区继续从事农业生产","没有帮助中国走出传统社会"了,而且和"中国和欧洲在对待流民的处理方式上存在的差异"没有关系。

中国和欧洲"大分流"的原因是更深层次的。"中国在19世纪或此前或稍后的任何时候都没有可能出现工业资本主义方面的根本性的突破",陈文高估了美洲作物对近代化的影响。真实的原因有人认为是"技术创新并没有鼓励性的回报,理论/形式理性极不发达;最重要的是,新儒家意识形态没有面临重大的挑战,而商人无法利用他们的财富来获取政治、军事和意识形态方面的权力从而抗衡国家的权力"。

按照黄宗智先生的"过密化"理论，无论是华北地区还是江南地区，无论玉米种植的强度如何，都是"没有发展的增长"，以牺牲劳动生产率换取总产量的增加，直到1979年后过剩的劳动力被吸引到农村工业中，才摆脱"停滞"。李伯重先生在《江南农业的发展1620—1850》一书中驳斥了"过密化"以及马尔萨斯的人口压力，但也没有提到玉米等美洲作物和近代化到底有何种联系。

而且，陈文认为是玉米等美洲作物滋生了大量的人口，是因果倒置。玉米的推广没有立即促进人口增长，反而是因为18—19世纪人口爆炸，玉米才成为主要粮食作物，也就是说18世纪玉米已经是边缘山区的重要食粮，到了19世纪经济中心区也普遍以玉米为主食。

清乾隆年间粮食短缺严重，粮价日益上涨，朝廷对粮价问题进行过大讨论，当时便有人指出"米贵之由，一在生齿日繁，一在积贮失剂"。明清不少闽赣棚民垦山种植蓝靛，在清乾隆后，因为人口增加、米食不继而多种番薯、玉米，就是这个道理。番薯在乾隆年间开始第一波推广高潮，其中声势最大、范围最广的"劝种"，当推乾隆五十年（1785）、五十一年（1786），谕旨亲自所作的表态，原因也在于粮食短缺。

综上所述，量化历史的研究方式以及对玉米和农民起义之间关系的探索还是很有建设性的，作为一种新的历史研究方法，开创了一个新的领域，也开阔了读者的视野。但是，笔者建议在量化历史研究上，对变量的选择、数据的可信度、假说的理论基础一定要反复斟酌，不能盲目进行计量研究。诚如李伯重先生所言："我们要特别警惕那种在经济史研究中盲目迷信经济学研究方法的倾向。"

花生小史

　　花生，又名落花生、地果、地豆、番豆、长生果等，原产美洲，明代后期从南洋最先传入我国东南沿海福建江苏、浙江一带。明代之前的文献中并没有明确记载与栽培种花生相同特性的作物，所谓的"花生""长生果""千岁子"等并不是今天意义的花生（*Arachis hypogaea* Linn.），而是土圞儿（*Apios fortunei* Maxim.）。17世纪初引进原产南美的花生后，栽培种花生才开始在中国传播开来。

　　但是，由于"千岁子"等别称确实为花生的别称之一，如清人王锬在其《星馀笔记》中就说："落花生，一名千岁子。藤蔓扶疏，子在根下。一苞二百余颗。皮壳青黄色。壳中肉如栗，炒食微香。干者壳肉分离，撼之有声。云种自闽中来，今广南处处有之。"于是张勋燎（1963）等人认为花生的起源是多元的，中国亦是花生的独立起源地。他的依据便是《南方草木状》："千岁子，有藤蔓出土，子在跟下，须绿色交加如织，其子一苞恒二百余颗，皮壳青黄色，壳中有肉如栗，味亦如之。干者壳肉相离，撼之有声，似肉豆蔻，出交址。"《南方草木状》的影响很大，误导了一代又一代人，加之《浙江吴兴钱山漾遗址第一、二次发掘报告》（1960）、《江西修水山背地区考古调查与试掘》（1962）的错误发掘报告，真是造成了"二重证据法"的假象，以假乱真了。

首先是大约在17世纪初期传入的小粒型龙生花生，始见于成书于明崇祯四年（1631）的方以智《物理小识》："番豆，一名落花生，土露子，二三月种之，一畦不过数子，行枝如瓮菜，虎耳藤，横枝取土压之，藤上开花，花丝落土成实，冬后掘土取之，壳有纹，豆黄白色，炒熟甘香似松子味……生啖有油，多吃下泄。"这种花生匍匐蔓生，果实较小，传入之初没有得到迅速传播，基本罕有文献加以记载。《物理小识》并未明说花生传入中国的具体地点，但是花生在清初福建文献如王沄《闽游》、康熙《宁化县志》等中大量出现，可以料想，如《本草纲目拾遗》中说"此种皆自闽中来"。

整个17、18世纪花生在中国的分布区仍主要局限在南方各省，因而仍被称为"南果"，如福建、浙江、安徽、江苏、江西、广东等地。清康熙年间，从日本传入被称为"弥勒大种落地松"的花生品种，"弥勒"说的是隐元和尚，传说系隐元和尚寄回福建。这种花生果实大、产量高、适应性强、含油率高，人们终于了解到"落花生即泥豆，可作油"（康熙《台湾府志》）、"炒食可果，可榨油，

民国时期，花生已经成为一种城市平民食品。

花生传入之初被人们视为果类、芋类。晚晴时期，人们逐渐认识到花生含油脂的特点，因此将其纳入具有经济价值的油料作物中。

油色黄浊，饼可肥田"（张宗法《三农纪》），花生可以榨油，这一首次发现为花生的广泛种植开辟了一个新的前景。但是清末之前，中国栽培花生以龙生型和珍珠型为主，榨油效率一直不高。

《滇海虞衡志》对花生的诠释涉及多个面相："落花生，为南果中第一，以其资于民用者最广……粤估从海上诸国得其种，归种之……高、雷、廉、琼多种之。大牛车运之以上海船，而货于中国，以充苞苴，则纸裹而加红签。以陪燕席，则豆堆而砌白贝，寻常杯杓，必资花生，故自朝市至夜市，烂然星陈。若乃海滨滋生，以榨油为上，故自闽及粤，无不食落花生油。且膏之为灯，供夜作。今已遍于海滨诸省，利至大。"强调了花生从海外引进后，在沿海各省大盛，已有较大规模的商品化生产、运输，带动了饮食文化的变迁。到清末民初，除了西藏、青海等少数省份外，其他省份均有分布。

对中国花生种植影响最大的是从美国传入的"弗吉尼亚种"（普通型），即美国大花生。这个新品种有直立型和蔓生型两种，含油量比我国以前引种的品种稍差，但适应性更强，颗粒特别大，产量很高。美国大花生由美国长老会传教士梅里士1862年从上海带到了山东蓬莱试种成功后，这种新品种迅速向内地传播，在很短时间内便传遍了全国各地。清光绪《慈溪县志》很早就反映了这一现实："落花生，按县境种植最广，近有一种自东洋至，粒较大，尤坚脆。"大花生的传入使我国花生栽种面积和产量空前急剧增加。山东由于传入美国大花生较早，加之自然环境适合花生栽培，很快成为花生产销中心。花生在黄河流域及东北、华北地区的大面积种植，很大程度上与这次新品种的传入有直接关系。当然，这仅是先决条件，花生能够风靡全国，根本原因还是在于获利甚多，这又归功于清末传入西方电动榨油机，大大提高了榨油效率。花生跻身三大油料作物，使花生油打破了芝麻油（北方）、菜籽油（南方）的垄断。

早期引进品种龙生型小粒花生"性宜沙地，且耐水淹，数日不死"（《滇海虞衡志》），正因其对自然环境的极强适应力，故在最初引种的福建，花生多种植在贫瘠的丘陵沙质土壤中。其根瘤具有固氮作用，因此《种植新书》载："地不必肥，肥则根叶繁茂，结实少。"但在种子收藏和播种上"性畏寒，十二月中起，以蒲包藏暖处，至三月中种，须锄土极松"（《戒庵老人漫笔》）；栽培管理上要求"横枝取土压之，藤上开花，花丝落土成实"（《物理小识》），"以沙压横枝，则蔓上开花"（《广东新语》）；在收获时要"掘取其根，筛出子，洗净晒干"（《中外农学合编》）。按照这种栽培方式，既费时又费工，大规模种植花生是不容易的，因花生种植规模无法扩大，致使种植技术在很长一段时间并没有多大的改良。

在美国大花生引进之后，引入了直立型的丛生花生，这种植株形态的花生种植方法简单，易于收获，适合规模化栽培。因此，在引种地山东的丘陵地区开始广泛种植花生，并逐渐成为最集中的大花生种植区，可见今天山东产花生油的盛名颇有历史渊源。中国的绝大部分地区均可以种植花生，成为快速传播的经济作物。在花生迅速传播的同时，花生种植技术也不断改良，长日照植物花生一年只收一季、不宜连作，但适合与各种粮食作物轮作，能够实现双赢。事实上花生的产量高于绝大多数的粮食作物，实乃救荒、榨油之佳品，当时出油率"花生百斤，可榨油三十二斤"（《抚郡农产考略》）。

当然，花生除了榨油之外，也是佐餐小品，深受国人喜爱。民国时期，花生已经成为一种平民食品，赵朴初说："食此者，无阶级之可言，茶余酒际，莫不以此相响。"花生食用更为精细化，在地域上呈现有南北差别，在不同城市中亦各有特色。如齐如山《华北的农村》所述：华北地区的花生食品有花生蘸、炸花生、咸花生、咸酥花生、炒花生、花生糖、花生酱、花生酥等，除花生酱主要受西洋人喜欢而只有大城市售卖外，其他无论城乡均有食用。南方地区的花生食品也十分丰富，如苏州的花生："油里氽的叫油氽果肉，用盐水炒的叫盐水果肉，吃酒吃粥，都是合宜；糖花生的种类很多，糖长生果，果球糖，糖果肉等。曾盛行过鱼皮花生，现在更改良用西式的调味加入，于是有咖啡花生，可可花生，白塔花生等名菜，种类之多非其他杂食所及。"上海有滷壳花生、油氽果肉、果酥、花生糖、花生糕、盐卤花生等，其中花生糖又分牛奶花生糖、菱角形花生糖、方块花生糖、花生糖条、花生软糖等，种类甚繁。随着资本经济发展，一些厂商开始注册、生产花生食品，远销海内外，如重庆磁器口所产的椒盐五香花生远近闻名，经食品加工后远销上海、汉口等地，上海生和隆花生油厂等商家更是为其花生油产品申请注册商标。

川菜一直是辣的吗？

中国八大菜系，让人印象最深的或许是川菜。川菜以其鲜艳的色泽、刺激的口味让人难以忘怀，全国各地不愁找不到川菜馆，即使是最偏僻的县城也能发现它的身影。火锅更是成了川菜的代名词。

今天川菜的特色是八个字：麻辣鲜香、复合重油。那么，川菜一直是辣的吗？其实川菜最终是在清末民初形成的，此前虽然有川菜，但却不是今天意义上的川菜，其中最重要的不同就在于辣椒。

辣椒，起源于美洲，在明末传入中国，浙江人高濂《遵生八笺》第一次记录了辣椒。提到吃辣，大众第一反应肯定与四川相联系，但很难想象辣椒第一次出现在四川距今仅仅两百多年。

那么，在辣椒传入之前的川菜是怎么样的？此前川菜的调味料，主要是蜀椒（花椒）和蜀姜，茱萸都用得较少。所以，以前川菜会有明显的麻味和甜味，几乎没有辣味。另外，此前川菜主要以炖、煮、蒸为主，到了现在，小煎小炒则成为特色甚至是主流的烹饪方式。

大家熟悉的以回锅肉、鱼香肉丝、麻婆豆腐等为代表的川菜，则是在清末真正形成和流行的。所以动画片《中华小当家》里就有一个错误，主角刘昴星从他妈妈"川菜仙女"阿贝师傅那里学到的各种川菜菜品在19世纪中期就流行了，这就不对了。

辣椒传入之前，花椒、姜、葱、芥末、茱萸是中国本土的辛辣用料，特别是茱萸为中国古代最常见的辛辣料。辣椒在明万历年间传入浙江之后，最初是观赏植物，但人们很快发现辣椒可以替代胡椒等调味品，不过东南地区没有吃辣的传统，所以辣椒没有被重视。但是"东南不亮西南亮"，与西南的地理环境有关，由于人们迷信食辣可以"祛湿"、辣椒可以代替稀缺的盐、辣椒可以帮助下饭，因此西南地区开始大量食用辣椒。

辣椒从浙江到湖南，以湖南为中心，再分别向贵州、四川、云南等地传播，与"湖广填四川"的大移民潮流是吻合的。清康熙年间湖南已经出现辣椒，推测湖南是我国最先吃辣的省区，湖南人可能最先吃辣成性。

早在清康熙年间贵州也已经吃辣；乾隆年间四川才开始吃辣，川菜烹饪中最重要的调味品——郫县豆瓣出现在19世纪中期；最后是云南。清末有一个叫徐珂的人说"滇、黔、湘、蜀人嗜辛辣品"，可见云南人、贵州人、湖南人、四川人能吃辣在当时已经人尽皆知。俗话说："湖南人不怕辣，贵州人辣不怕，四川人怕不辣，湖北人不辣怕。"辣椒传入中国后，中国的饮食文化发生了巨大变化，形成

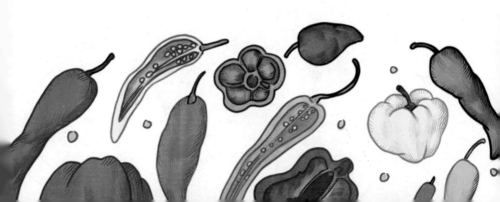

辣椒从最早被记录于文献中到"人皆嗜之"仅仅用了不到两百年的时间，这说明辣椒作为一种新物种，不仅完美契合了中国人的饮食需求，而且对中国饮食文化是一个良好的补充，进而促进了其发展。

了辣椒文化，也诞生了今天意义上的川菜。

辣椒品种繁多，适应味觉各异的食辣喜好。如：色彩鲜艳的彩椒不仅适合点缀餐盘，还可作为盆玩以供观赏；体积硕大的灯笼椒、牛角椒可以鲜食爆炒；小如指尖的朝天椒可以调味、加工等。同时，辣椒加工方式多样，利用率极高，可鲜食、可盐渍、可醋泡、可干制，并且可以磨制成辣椒碎、辣椒面、辣椒粉等形态，同时可与其他食材混合，是辣椒油、辣椒酱等常见调味品的主要组成部分。

关于川菜，有人调侃"鱼香肉丝没有鱼，夫妻肺片没有肺，宫保鸡丁非宫保"。其实，鱼香肉丝曾经真的和鱼有着密切关系，最早的鱼香肉丝是要用"鱼辣子"的，就是把鲫鱼和红海椒一起放在盐水中浸泡成鱼辣子。不过后来完全用泡鱼海椒的并不多，一是麻烦，二是其增加的效果并不明显，鱼香味主要指在烹调中能够产生一种烹鱼的味道，并不在于是否用鱼，既然没有鱼也能产生鱼香味，为何还要用鱼呢？夫妻肺片，这个"肺"最初不是肺，而是"废"，是指成本低廉的牛杂碎、边角料，如牛头皮、牛心、牛舌、牛肚等。这道菜深受黄包车师傅、脚夫和穷苦学生的喜爱。后来渐渐流行开来，成为川菜名肴，菜名不知不觉流传成了"肺"，所以夫妻肺片没肺也不足为奇了。至于宫保鸡丁与"太子少保"丁宝桢，或与一个叫"宫保"的太监的关系，纯粹是民间传说。

从西边传来的西瓜

西瓜是人们消夏避暑的必选果品，被誉为"夏果之王"，名列世界十大水果之列。不夸张地说，夏天就是西瓜的季节。

中国西瓜的起源问题从明代起就已有争论，20世纪80年代，又引起了学术界的极大关注，有人主张中国西瓜五代引种说，有人主张西瓜是中国原产。西瓜五代引种说依据的最早记载"西瓜"的资料，是五代后晋胡峤的《陷虏记》，被欧阳修的《新五代史·四夷附录第二》所转引："自上京东去……隧入平川，多草木，始食西瓜，云契丹破回纥得此种，以牛粪覆棚而种，大如中国冬瓜而味甘。"推测为924年契丹人首先得到西瓜。这一说法已经被1955年考古工作者在内蒙古赤峰市敖汉旗羊山发现的辽墓壁画中的"西瓜图"所证实，壁画是一个辽代的大官坐着，下面有几个侍女，端着几个西瓜。西瓜在五代的时候刚传过来，壁画上就有了。西瓜中国原产说，主要是依靠对前代文献资料的解读，比如认为"寒瓜""五色瓜"等都是西瓜的别称。

越来越多的考古资料证明，西瓜起源于非洲的中部和南部。1857年，英国探险家里温斯顿（David Livingstone）在非洲南部的博茨瓦纳的卡拉哈里沙漠及其周边的萨巴纳热带草原边缘地带，发现了多种野生西瓜群落；根据古埃及保存的绘画，西瓜的栽

西瓜在中国的传播，经历了北国立足、西瓜南渡、南北并进和全面发展四个阶段，并成功融入传统饮食文化体系，是一种跨越所有饮食文化阶层的优质食品。

培也可追溯到距今五六千年前的时代。而在中国，完全没有西瓜的野生种被发现，因此，仅依靠文献资料的解读是不能证明西瓜起源于中国的。

总之，西瓜应是唐代末期进入中国。越来越多的考古资料证明，西瓜起源于非洲东北部的苏丹和埃及，距今也有五六千年的历史了。从西方传入中国，于是叫作"西瓜"。西瓜从非洲经过了丝绸之路，先到蒙古地区，再从蒙古进中原。所以1991年考古工作者在西安市东郊田家湾唐墓葬出土的"唐代三彩西瓜"，可能并非西瓜，而是疑似西瓜的甜瓜。

江南地区开始出现西瓜则是在1143年之后，由南宋官员洪皓从金国带回种子。西瓜逐步向南传播，南宋初年，西瓜的种植在中原及长江流域逐步推广，到南宋中后期，西瓜已在江南地区获得普遍种植，而且经过长期的培育与传播，西瓜的品种也逐渐增多。湖北恩施还有一个西瓜碑，碑上记载着当时都有哪些西瓜品种。西瓜真正大规模在中国传播是在元代，红瓤西瓜由元朝军队从西方引入。

西瓜刚传入中国的品种，属于大型瓜，瓤为白色或淡黄色，并不好吃，不像今天又甜又水润。但是西瓜对土壤的适应性较广，各种土质均可进行种植，特别是土层深厚、排水良好、肥沃疏松的沙壤土最为理想。这一属性决定了西瓜更容易在河流沿岸种植，大江大河旁边往往成为最先种植西瓜的地区，以河流两侧的西瓜区域为中心，西瓜种植再逐步向外扩张。

西瓜品种众多，再加上引入后数百年的自然选择导致品种分化。从元代开始，各地方志所记载的西瓜品种达50余种。不单培育出了今天我们以食用瓜瓤为主的西瓜，还有专门以食用瓜子为主的西瓜。

最初的西瓜品种瓜子特别大，当时的人吃西瓜就要吃西瓜子，从西瓜传入中国以来，西瓜子的地位一直非常高，是中国人的主流零食。至迟从宋代开始，就已经有吃西瓜子的记载。当然，产生黑瓜子的西瓜，不是普通西瓜，而且子用西瓜，通常被称为打瓜、瓜子（籽）瓜等。在清代之前，只要提到瓜子，都是西瓜子。《金瓶梅》《红楼梦》等明清小说经常会提到潘金莲、林黛玉等人嗑瓜子，她们吃的其实都是西瓜子，因为那时候还没有葵花子，现在流行吃的葵花子都是1949年之后的事了。

除了吃西瓜子之外，中国人食用西瓜的方式方法多种多样，既可以解渴生津，又可果腹充粮，直接生食、加工熟食皆可，皮、瓤都可以用来做成酱菜。

西瓜是上等的清暑、解酒佳品，被称为"天生白虎汤"，食用前如果先浸入冷水中镇上一段时间再食用，感觉更是妙不可言。古代官宦富贵人家，食用切开的西瓜，尤其是招待重要客人时，就连盛放西瓜的盘碟都十分讲究。

生食之外，西瓜还是进行烹饪加工熟食的重要食料。清代就记载它可以被用来烹煮猪肉、做西瓜蒸鸡，西瓜盅更是慈禧太后和光绪皇帝喜欢吃的名菜。民国时期，又出现了一种新奇的西瓜食用方法，就是用油炸着吃。历史上，生吃、熟烹之外，人们还把西瓜加工成西瓜膏、西瓜糕、西瓜酱、西瓜酒等。

西瓜还是元旦、春节、端午、荐新、立秋、七夕、中秋等多个传统岁时节日中必不可少的果品，是一种与传统文化、饮食文化密切相关的优质食品。

南瓜的故事

今天很多人都不知道南瓜是外来的。比如在福建少数民族畲族中流传着一个创世神话，故事绘声绘色地描述畲族祖先的来源，竟然是从南瓜里面蹦出来的。在畲族的方言里，南瓜叫"旁肯"，跟英语的"pumpkin"发音几乎一样。这说明创始神话完全是后人虚构的一个故事，同时也说明南瓜已经完全融入了当地的民族文化。

其实，南瓜起源于美洲，可能是秘鲁、墨西哥一带。南瓜在中国的产地不同，叫法各异，"南瓜"无疑是这个作物最广泛的叫法。南瓜是中国重要的蔬菜作物，是中国菜粮兼用的传统作物，种植历史悠久，经由欧洲人间接从美洲引种到中国，已有500余年的历史。目前中国是世界南瓜的第一大生产国和消费国，南瓜的种植面积很广，全国各地均有种植，产量很高，南瓜除了作为夏秋季节的重要蔬菜外，还有诸多其他妙用。

南瓜在新世界

南瓜在美洲的历史至少可以追溯到前3000年，南瓜的多样性中心，从墨西哥城南经过中美洲，延伸至哥伦比亚和委内瑞拉北部。最新研究发现南瓜"祖先种"不但超苦，还有坚硬的外壳，苦味来源于名为葫芦素（cucurbitacins）的防御性化学物质，只有极少数的大型哺乳动物能食用该类果实，只有它们庞大的身躯方能代谢这种毒素，科学家在3万年前的乳齿象粪便中就发现了南瓜属植物的种子。如此，南瓜野生种存在的历史还将大大提前。因此，南瓜主要依赖猛犸象这样的大型动物来破壳，并传播种子，当巨兽消失时，其数量一度严重下滑。古老南瓜野生种与现代南瓜进行基因比对发现：在近1万年的历史中，野生南瓜属植物的规模正在不断收缩、碎片化。幸好，某些古老的采集狩猎者们逐渐学会了挑选技巧，专门收集微苦或者苦味尚能忍受的南瓜祖先，食用了这些南瓜的人又将其种子排出体外，偶然间就种出了可口的南瓜属植物。

印第安人一般在沿溪流地带把南瓜同菜豆、向日葵一起栽培，这种间作套种的方式持续了很长时间，直到后来玉米的大面积栽培，后来居上，替代了向日葵。南瓜与菜豆、玉米形成了栽培传统（"Three Sisters" tradition），南瓜与菜豆、玉米并称前哥伦布时代的美洲的三大姐妹作物。"Three Sisters"是三者共生的一种状态，它们同时生长与茂盛：玉米为大豆提供了天然的格子棚（natural trellis）；大豆固定土壤中的氮元素以滋养玉米，豆藤有助于稳定玉米秸秆，尤其在有风的日子；南瓜为玉米的浅根提供庇护，并且还可以防止地面杂草生长并保持水分。三者形成的共生关系是一种典型的可持续的农业。16世纪的欧洲旅行者的报告中也说，印第安人的农田中到处种植着南瓜、玉米和菜豆。三大姐妹作物也被称为三大营养来源。

在哥伦布到达美洲之前，南瓜已经是美洲印第安农业的主要农作物，印第安人对南瓜的生产和利用都已经达到了相当的水平。印

南瓜是美洲作物中的"急先锋"。

第安人把南瓜条放在篝火上烤然后食用，作为主要食物来源，帮助他们度过寒冷的冬天；印第安人吃南瓜的种子，南瓜种子也可以作为药材；印第安人更爱吃青南瓜或小南瓜，成熟后的老南瓜或大南瓜他们有时只吃瓜子或只留种子，而不吃果肉；南瓜花可以加到炖菜里面，干南瓜可直接存储或磨成粉，南瓜壳被用来储存谷物、豆类或种子；切成条的干南瓜肉，甚至可以编织成垫子；还可用南瓜肉制成饮料饮用。

1492年9月到1493年1月，哥伦布完成了第一次航行。其间，哥伦布就有可能发现了南瓜。如果没有南瓜，许多早期欧洲探险家就可能饿死。欧洲殖民者为了烹饪南瓜而设计的一种方法，把南瓜的一端切掉，把里面的种子去掉，用牛奶填充南瓜空腔，然后烘烤，直到牛奶被吸收——这是南瓜派的先驱。

直到1621年，北美马萨诸塞普利茅斯的早期移民——清教徒，如果没有南瓜，就将死于饥饿，这正是北美感恩节的由来。清教徒感谢印第安人提供南瓜的原因，一方面因为小麦、玉米不是那么可靠，另一方面，南瓜作为一种非常有营养的食物能够保证他们存活过许多个冬季。因此，在那个时代就有诗文歌颂南瓜：

> For pottage and puddings and custards and pies
> Our pumpkins and parsnips are common supplies,
> We have pumpkins at morning and pumpkins at noon,
> If it were not for pumpkins we should be undoon.
> ——Pilgrim verse, circa 1633

南瓜在旧世界

欧洲探险者把南瓜种子带回到欧洲后，最初用来喂猪，而不是作为人类食物的来源，只限于庭园、药圃、温室栽培，供饲料、观赏、研究、药用。由于欧洲气候凉爽，适宜南瓜生长，所以引种后迅速普及。如19世纪末期马其顿的典型村庄景致一般无二——四周环绕着玉米田，园子里长满了南瓜一类毫不浪漫的蔬菜，塞尔维亚的一个村落少数蔬菜中也有南瓜的存在。

南瓜经由欧洲人之手传遍世界各地，葡萄牙人、西班牙人先带到南亚、东南亚。1541年由葡萄牙船从柬埔寨传入日本的丰后或长崎，取名"倭瓜"。中国是在16世纪初期由葡萄牙人或南洋华侨首先引种到东南沿海的广东、福建，稍晚南瓜从印度、缅甸一带传入云南。由此，南瓜迅速在中国内地推广。

南瓜与其他美洲作物相比，最突出的特点就是除了个别省份基本上都是在明代引种的，17世纪之前，除了东三省、台湾、新疆、青海、西藏，其他省份南瓜种植均形成了一定的规模。入清以后，南瓜在各省范围内发展更加迅速，华北地区、西南地区逐渐成为南瓜主要产区。当然，南瓜同时也具有观赏、供佛等诸多妙用，甚至南瓜传入之初也并不一定便是食用。南瓜成为"哥伦布大交换"中的急先锋，最早进入中国且推广速度最快，作为救荒作物影响日广，个中要义在于南瓜是典型的环境亲和型作物，高产速收、抗逆性强、耐贮耐运、无碍农忙、不与争地、适口性佳、营养丰富等。国人对新作物南瓜的接受体现了求生心态、求富心态与包容心态。

在鸦片毒害人民的时代，中国人曾有一个惊人的发现：吃南瓜就不想抽大烟了。南瓜可以治疗鸦片烟瘾，史料记载非常多，最早可能见于吴其濬《植物名实图考长编》："南瓜向无人用药者，近时治鸦片瘾，用南瓜、白糖、烧酒煮服，可以断瘾云。"当然，是否真的有用，我们不得而知。李圭在《鸦片事略》中大篇幅说明了南瓜加工过程，他认为南瓜治疗烟瘾不但效果极佳，而且加工技术并不复杂，加之"取之不穷"，所以李圭认为是"不费之惠"。林则徐甚至将此事专门上表朝廷。

近代以来，华工大量出国谋生，一批批乘坐轮船漂洋过海。这些满载华工的越洋轮船被称为"浮动地狱"，而南瓜就是这"浮动地狱"中的救命稻草。华工出国总会携带几个大南瓜，不但可以果腹充饥和补充水分，更为重要的是南瓜可以在几个月的远洋航行中保持不坏，能够持久利用，可谓与华工的命运息息相关。

中华人民共和国成立后，南瓜产业发展有序而规范。在"大跃进"时期，对南瓜的种植十分狂热，但是种植南瓜并不像"大炼钢铁""大办工业"等造成了许多恶劣后果，反而因为南瓜种得多，在三年困难时期不知道挽救了多少民众的生命。1959年，全国性大饥荒爆发之后，广大人民以瓜果蔬菜和野果野菜充饥，称为"瓜菜代"。紧接着国家也采取"低标准，瓜菜代"的措施，一方面降低城乡人口的吃粮标准，一方面大力生产瓜果、蔬菜和代食品，这是当时整个社会求生存、想活命的人的必然趋势。南瓜因高产、速收、可存放时间长，在困难时期突出展现了救荒价值，"瓜菜代"中的瓜可以说主要就是指南瓜。改革开放以后，尤其是20世纪90年代以来，南瓜产业再次焕发生机。

古人怎么吃南瓜？

　　南瓜源自美洲大陆，自16世纪初期传入中国以来，在大江南北的种植和利用已经有500多年的历史，中国也已成为当今世界上最大的南瓜生产国、消费国和出口国。南瓜果实形状或长圆、或扁圆、或如葫芦状，果皮色泽或绿、或墨绿、或红黄，品名繁多。作为中国重要的菜粮兼用作物，传统南瓜的加工利用方式、方法多种多样，体现出中华饮食文化的精彩。

煮食作羹

　　在南瓜传入之初，较早从东南海路引种南瓜的是浙江省。田艺蘅《留青日札》指出："今有五色红瓜，尚名曰番瓜，但可烹食，非西瓜种也。"可见国人在南瓜传入不久就发现南瓜可烹食，不可生食。

　　明代李时珍《本草纲目》始将南瓜收入菜部，并载："其肉厚色黄，不可生食，惟去皮、瓤瀹，味如山药。同猪肉煮食更良，亦可蜜煎。"可见煮食南瓜应是最早也是最基本的食用方式。

　　比《本草纲目》成书稍晚的《二如亭群芳谱》记载，南瓜"煮熟食，味面而腻；亦可和肉作羹……不可生食"，也是南瓜的基本食用方法，不过不仅限于煮食了，"亦可和肉作羹"。类似记载在方志中沿袭较多，农书中多有转引。也有用南瓜单独做羹的记载，清同治《荣昌县志》说南瓜"堪作菜羹"，光绪《岫岩州乡土志》载，倭瓜"味甘性寒，可作羹茹"。

蒸食

蒸食在今天依然是烹饪南瓜的主要方法之一。清人高士奇《北墅抱瓮录》说，南瓜愈老愈佳，适宜用苏轼煮黄州猪肉的方法，"少水缓火，蒸令极熟，味甘腻，且极香"。意思是用小火将老南瓜蒸得烂熟，味道极其香美，这不单是为了果腹，更多的是一种生活享受，较早地诠释了南瓜烹饪文化。清光绪《彰明县乡土志》载："南瓜，和猪肉食补中益气，土人切片晒干和肉蒸食，味甚佳。"这是将南瓜切片晒干后和肉蒸食。

南瓜盅

清乾隆三十年（1765）之前成书的《调鼎集》载："南瓜瓤肉，拣圆小瓜去皮挖空，入碎肉、蘑菇、冬笋、酱油，蒸。"就是把小圆南瓜的瓤和子掏掉，在里面装上碎肉和其他蔬菜，蒸熟食用。这种新创的南瓜食用方式，就是今天南瓜盅的雏形。

南瓜圆（团）

清末薛宝辰的《素食说略》是一部素食谱，其中记载了南瓜圆和南瓜的其他几种烹饪方法："倭瓜圆，去皮瓤，蒸烂，揉碎，加姜、盐、粉面作丸子，扑以豆粉，入猛火油锅炸之，搭芡起锅，甚甘美。""倭瓜圆"也就是我们今天说的南瓜丸子。书中还说：把

南瓜在城市和乡村的主要食用方式颇为相同，多是简单地蒸食、煮食，或加工为"南瓜团""南瓜糕""南瓜派""南瓜粥"等大众食品。在活跃于城市地区的文人名士眼中，南瓜有着精致的烹饪方式，南瓜的不同食用方式，既是分划不同社会群体的一种标准，也是部分社会群体自我标榜的一种方式，古今皆同。

南瓜切成细丝，加入香油、酱油、糖、醋烹炒，特别可口；把老南瓜去皮切块，用油炒过，加入酱油煨熟味道也很好。

类似南瓜丸子的食用方式在方志中有更多体现。清光绪《周庄镇志》载："南瓜，可和米粉作团。"这种"南瓜团"是我们前文提到的南瓜丸子的简化版，普通百姓制作南瓜丸子不可能像《素食说略》中采用那么复杂的加工工序。同治《湖州府志》记载："可煮可炒或和米粉作饵曰番瓜圆子，或和麦面油煠曰番瓜田鸡。"这种加工方式已经是一般人家的极限。

蜜渍

王士雄《随息居饮食谱》载："蒸食味同番薯，既可代粮救荒，亦可和粉作饼饵，蜜渍充果食。"这里还提到了将南瓜蜜渍，可作水果点心、餐后甜点，南瓜在如今的大型宴会多用于此，足登大雅之堂。

拌海鲜

袁枚《随园食单》载："将蟹剥壳，取肉取黄，仍置壳中，放五六只在生鸡蛋上蒸之，上桌时完然一蟹，惟去爪脚，比炒蟹粉觉有新色，杨兰坡明府，以南瓜肉拌蟹，颇奇。"夏曾传《随园食单补证》载："南瓜青者嫩，老则甜，以荤油、虾米炒食为佳，蒸食以老为妙。"分别介绍了南瓜拌蟹、南瓜和虾米一同炒食，足见南瓜可与海鲜一起搭配食用，具有视觉冲击力的同时也别有一番滋味。

素火腿

王学权《重庆堂随笔》载："昔在闽中，闻有素火腿者。云食之补土生金，滋津益血。初以为即处州之笋片耳，何补之有？盖吾浙处片，亦名素火腿者，言其味之美也。及索阅之，乃大南瓜一枚。蒸食之，切开成片，俨与兰熏无异，而味尤鲜美。疑其壅气，不敢多食，然食后反觉易馁，少顷又尽啖之，其开胃健脾如此。因急叩其法，乃于九、十月间收绝大南瓜，须极老经霜者，摘下，就蒂开一窍，去瓤及子，以极好酱油灌入令满，将原蒂盖上封好，以草绳悬避雨户檐下，次年四、五月取出蒸食。名素火腿者，言其功相埒也。"大篇幅地介绍了以南瓜为主料的"素火腿"的来源、特点、制作工艺等，可知南瓜味美、可塑性强，经过一定的加工，可与著名金华火腿——兰熏相媲美，也是一奇。

南瓜子

南瓜子是非常流行的零食，对其记载非常之多。《清稗类钞》就载："南瓜，煮熟可食，子亦为食品。"南瓜子是重要的流通商品，在中国台湾，王石鹏在《台湾三字经》特产介绍中有"蒟酱姜，番瓜子，及龙眼，枇杷李"之说。《红楼复梦》《宦海钟》《二十年目睹之怪现状》等文学作品中也均有提及，南瓜子流行程度可见一斑。方志中记载更多，清同治《邛志补》载："子可炒食运售亦广。"光绪《彰明县乡土志》载："子，市人腹买炒干作食物。"以及"子亦为食品"（宣统《蒙自县志》）、"子可炒食"（光绪《铜梁县乡土志》）、"子亦可食"（光绪《富阳县志》）等。虽然南瓜子煮食也可食用，但炒食更佳，因此成为唯一的加工方式，与西瓜子、葵花子三分天下。

南瓜糕（饼）

清同治《上海县志札记》载："饭瓜，乡人藏至冬杪和粉制糕名万年高。"随着人们对南瓜认识的深入，南瓜糕被赋名"万年高"，具有步步升高的文化意向。光绪《诸暨县志》载"村人取夏南瓜之老者熟食之，或和米粉制饼名曰南瓜饼"，可见今天非常普遍的特色食品——南瓜饼的名称源于光绪年间。当然，南瓜饼的类似产物早在康熙《杭州府志》中就有记载，"南瓜，野人取以作饭，亦可和麦作饼"，而光绪《诸暨县志》是第一次定名。嘉庆二十三年（1818）成书的食谱《养小录》记载的"假山查饼"，其实就是南瓜饼的雏形："老南瓜去皮去瓤切片，和水煮极烂，剁匀煎浓，乌梅汤加入，又煎浓，红花汤加入，急剁趁湿加白面少许，入白糖盛瓷盆内，冷切片与查饼无二。"《养小录》是顾仲借鉴杨子建的《食宪》[康熙三十七年（1698）]，录其有关饮食内容，结合自己经验而成书，所以同样可以追溯到康熙年间。

南瓜粥

清光绪《崞县志》载："倭瓜，煮粥佳，独食亦可。"也就是我们今天常见的南瓜粥。南瓜还可和其他作物一同作粥，光绪《遵化通志》载："熟食味面而甘，可切块和粟米、黍米、江豆、炊饭作粥……子可炒熟煎茶。"宣统《文水县乡土志》载："南瓜亦称倭瓜，有长圆扁圆二形，宜和小米作粥，瓜子仁炒食。"历史上最早对南瓜粥的记载是清中期诗人汪学金的诗作："番瓜粥，是物尝关岁，丰来挂蔓疏，命悭无过我，年有莫忘渠，佐饭终停箸，为糜得省蔬，俗言能发病，病岂有饥如。"诗中可知南瓜的利用方式，南瓜粥亦可以"佐饭""省蔬"。我国最早的一部药粥专著《粥谱》，南瓜占有了一席之地，位列247个粥方之一："南瓜粥，填中悦口京中谓之倭瓜。"准确地看出了南瓜粥作为药膳的价值。

南瓜脯

清道光《宣平县志》介绍了南瓜脯："不可生食，烹味如山药，同猪肉煨更良，亦可蜜煎蒸熟晒干，谓之金瓜脯。"南瓜脯是南瓜在蜜煎蒸熟后晒干的自然形态，增加了南瓜的保存时间。

南瓜其他部分

南瓜浑身是宝，老果、嫩果、叶柄、嫩梢、花、种子均可供人食用，并且食用方式多样。包世臣《齐民四术》指出南瓜"以叶作菹，去筋净乃妙"，就是利用南瓜叶作为食料。清同治《邛志补》载"深秋晚瓜青嫩，切为丝片灰拌阴干俗曰瓜笋，嫩茎去皮瀹为菹俗曰富贵菜，茎老练以织屦及缫作丝为绦纲等物"（嫩茎被称为富贵菜，老茎可以作为植物纤维纺织），可见南瓜茎的妙用。南瓜花亦可食用，清末何刚德《抚郡农产考略》载："花叶均可食，食花宜去其心与须，乡民恒取两花套为一卷其上瓣，泡以开水盐渍之，署日以代干菜，叶则和苋菜煮食之，南瓜味甜而腻可代饭可和肉作羹。"总之，南瓜全身是宝，除果实以外的其他部分，经过一定的处理，味道更佳。

救荒

我们最后阐述南瓜的救荒作用，是因为这是南瓜在传统社会最重要的作用。或许救荒用的南瓜没有讲究烹饪方式，但是作为粮食储备的南瓜救荒、备荒绝对是平民百姓最常见的食物。南瓜栽培容易，产量很高，含有较多的淀粉和蛋白质，味道甘美，便于运输，耐贮藏，其救荒作用格外引人注目。在"凶岁乡间无收""贫困或用以疗饥"之时，南瓜可谓救荒佳品。这个时候南瓜不是以瓜菜的身份加工、利用，而是单独作为粮食食用。清代以降，对南瓜加工、利用的介绍中首先都会提到"代粮救荒"，其次才是其他利用方式。

在明清时期，南瓜与传统作物相比，可以说是全新的作物。以京畿地区为例，尽管其是在16世纪中期传入，而成书于1578年的《本草纲目》已经对南瓜的食用有了较全面的认识。入清以后，对南瓜食用的总结更是在全国范围如雨后春笋般接连诞生，形成了一整套食用体系，速度之快、利用之全面，让人叹为观止。其中原因，除南瓜推广、普及速度较快，引起了人们的重视之外，更为重要的就是我国古代劳动人民的伟大智慧，对南瓜的各种特性详加观察，充分发挥创造性思维，实验并总结，才造就了如此丰富的南瓜的食用技术、方式。明清时期对南瓜加工、利用的基本成就和技术经验，即使在今天看来，仍有借鉴意义，成为我国宝贵的农业遗产的一部分。

中国的 "南瓜节"

南瓜的引种和本土化形成了具有中国特色的民俗文化，也成为中国文化和农业文化遗产的组成部分——以各地区的 "南瓜节" 最有特色。历史时期不同地区形成的多姿多彩的南瓜民俗，是一种典型的民众造物过程。在中国各地区的南瓜节中，我们看到南瓜作为一种礼仪标签被加以使用，我们或许可以根据 "逆推顺述" 的方式洞悉这种 "结构过程"。

毛南族南瓜节

农历九月初九是岭西毛南族的 "南瓜节"。在这一天，家家户户便把从地里收获的形状各异的大南瓜摆满楼梯，供人观赏，由年轻人到各家走门串户，评选出 "南瓜王"。评选过程不单要看外观还要看质地，待众人意见达成一致选出 "南瓜王" 后，主人掏出瓜瓤，把南瓜子留作来年的种子，然后把瓜切成块，放进煮有小米粥的锅里，用文火煮得烂熟后，先盛一碗供在香火堂前敬奉 "南瓜王"，尔后众人一齐享用。毛南族的南瓜节与当地的敬老传统很好地结合在了一起。

侗族南瓜节

农历八月十五是广西壮族自治区三江程阳一带侗族的南瓜节，主要活动是由儿童们打南瓜仗。节日前夕，由少男少女自由参加，分别组成南瓜队和油茶队。由少男组成的南瓜队第一个任务是偷南瓜，为打南瓜仗做准备。偷南瓜活动会在晚上进行：看到菜地里的南瓜，摘下一个瓜，在那里插一朵花，以示主人瓜已被偷，当地人们都认为在南瓜节偷瓜不算偷，而南瓜队备足了南瓜，然后去找煮茶对象。负责煮茶的称为油茶队，由少女组成。节日当天，南瓜队抬着串好的南瓜与油茶队集合，全村老少都赶来观赏，争相去摸南瓜——以摸到南瓜为吉利。晚上人们煮吃南瓜、喝油茶，茶足饭饱后开始投入打南瓜仗的战斗，嬉笑打闹，通宵达旦。

惠州南瓜节

广东惠州惠城区芦洲镇东胜村的南瓜节在每年的农历二月十三，俗称"金瓜节"。这一天是先祖赵侯爷的诞辰，村民们会在这天举办祭祖活动来祭奠祖先，该祭祖活动在2013年就已经入选市级非物质文化遗产项目。祭祖活动的全部事项由村民自发操办。开场仪式过后，还有进村巡游环节，巡游环节是每三年一次，当巡游队伍经过自家门前时，各家各户都会燃放鞭炮、悬挂彩旗庆贺。南瓜节是这里一年中最热闹的节日，村里人甚至比过春节还要重视，为此村里专门推举出一群热心又德高望重的村民，成立了理事会，负责具体筹备、操办节日事项。村民们也很踊跃——现场助兴的舞狮队、锣鼓队都是村民自发组织的。而南瓜节也早已变成村里人回乡聚会、探亲访友的好机会。在南瓜节期间，外出村民纷纷回乡拜亲祭祖，村民们还捐款捐物，支持家乡的公益事业建设。

辽西南瓜节

在辽宁西部（巫闾山山脉）地区多称南瓜为窝瓜，农历十月二十五为窝瓜节（老窝瓜生日）。与上文南瓜节的热闹非凡相比，这里的南瓜节更加朴素、平实、低调，或许与当地山里人简单惜物、不喜花哨的品性有关。南瓜节这天，每家必吃南瓜，认为可免灾、强体御寒、多子多福，特别是由于当地冬天屋子里不通风，生病往往连带，俗称"窝子病"，所以靠窝瓜来防病。当然，冬季可食用蔬菜不多，用南瓜来果腹也是自然而然的。平日南瓜是人们饭桌上的常菜，但到了南瓜节这天，就得做出另一番滋味才显得郑重。其实，辽西走廊不仅是辽宁乃至东北引种南瓜最早的地区，也是东北近代以来南瓜分布最广、栽培最多的地区。当地能够诞生这种关于南瓜的仪式感，也就不奇怪了。

这些南瓜节多数均与地方社会的起源、中兴有关，所谓的"很久以前""600多年前"等其实均是建构的，是对历史的形塑。其实我们很容易前推到这些南瓜节有历史可证的起点，如清道光时期的文人王培荀在《听雨楼随笔》中记载："嘉定有南瓜会，或数年或七八年，忽南瓜中结一最巨者，集众作会赛神，沈珏斋曾见之长约二丈，横卧高五六尺，观者骇绝。"可见上海嘉定的"南瓜会"

或许是中国最早的南瓜节。

万圣节的节日风俗包括"杰克南瓜灯"的传说，是从国外传入中国的。随着西方文化的传入，西方节日文化为国人所了解，与万圣节密切相关的南瓜灯也不再陌生，成为一种文化符号融入本土文化。南瓜灯制作的简洁性和参与的趣味性使其很早就走进了人们的生活。笔者最早所见关于南瓜灯的记载是民国时期的图文滑稽故事《番瓜救了小松鼠》（《儿童知识》，1947年第15期），图中的南瓜样貌与南瓜灯别无二致；而民国时期在河北省《沙河县志》中记载南瓜"遇有婚丧可用以作蔬"，南瓜作为别样的婚丧文化，或许是中外南瓜节交叉的起点（死亡文化）。

中国一些少数民族将南瓜融入了其起源神话中。

何为"北瓜"？

何为"北瓜"？早有学者指出该名称既是现代科学分类上的北瓜（*Cucurbita pepo* L.var. kintoga Makino.），也可能是南瓜、冬瓜、打瓜（瓜子瓜）的别名或西瓜的一个品种名。我们在其基础上进一步细化：在全国大部分地区尤其是北方地区都是南瓜的别称；作为观赏南瓜的情况也有一些，主要集中在东南地区；作为笋瓜、打瓜等情况相对较少。

"北瓜"悖论

在追溯北瓜出现的源头，寻求其原初的情景和本义方面，我们见到一种新的观点："南瓜应是扁圆形，北瓜则多呈葫芦形，成熟的南瓜或黄或红，而北瓜皮色多为深绿或像西瓜一样有条纹；南瓜应是首先落脚在南京一带，最初在以南京为中心的地区逐步传开；北瓜则应是首先落脚于京畿地区，最初在北京为中心的地区盛传。"等于说将"北瓜"从属于南瓜的葫芦形、深绿色品种，此说尚待考证。

"北瓜"古之未有，诚如南瓜一般。"北瓜"一词最早出现在明嘉靖四十年（1561）《宣府镇志》和嘉靖四十三年（1564）《临山卫志》，且与"南瓜"并列记载，因宣府镇和临山卫相去甚远，可视为两地均是中国"北瓜"的原生地。两地同时出现了与"南瓜"不同的东西却被命名为"北瓜"，如果"北瓜"首先落脚于京畿地区，嘉靖《临山卫志》以及其他南方方志中的"北瓜"是什么呢？

纵然"北瓜"在后世所指增多，但是我们相信"北瓜"诞生之初是与南瓜有千丝万缕的联系的。真实的情况是，原生之"北瓜"就是南瓜所有品种的一个总括代称（这就与"南瓜"并无二致了）或南瓜的一个品种（葫芦形、深绿色）的别称或是笋瓜。三者的频率、机会是均等的，在不同时空下，其作用方式、程度与主次关系又各有不同。清代以降，又增加了观赏南瓜、冬瓜、打瓜（瓜子瓜）的别名或西瓜的一个品种名，更是让人莫衷一是了。上文学者观点所说的情况，仅是"北瓜"众多含义的一个指向。

"北瓜"之真意

"北瓜"，顾名思义，就是指来自北方的瓜，而中国不同历史时期的政治中心一直是在北方地区，这个"天地之中"本身偏北，外来的瓜种叫"南瓜""西瓜""东瓜（冬瓜）"都有其合理性，"北瓜"则成了瓜类命名的视觉盲区，所以夏纬瑛在《植物名释札记》中认为本无"北瓜"之名，古人欲以瓜从四方之名，强出一"北瓜"之名。"北瓜"在这个意义上，是概念化新型瓜类的指向，是一种人民对未知事物的隐喻，而不能单纯将之"对号入座"

到某一种瓜类或某瓜的某一品种。

问题是，如果我们说"北瓜"最早（如明代）指代某个品种，是否就可作为"北瓜"最初含义的定论？我们认为是否定的。因为"北瓜"一词从来流行不广，如清道光年间《武缘县志》载"北瓜今未之闻"，在历史上指向混乱，从来就没有取得过共识，民间众说纷纭、自说自话，1949年之后虽对"北瓜"有过界定，也根本没有普及，是我们今天的混乱之源。

所以，即使清代、民国出现了"北瓜"新的含义，也不能说就与"北瓜"最初的内涵相悖。由于语言、民俗、交通等信息交流的桎梏（这种情况今天也存在），国人并不清楚更早些时候和其他地域"北瓜"的情况，加之古代尚无科学的鉴别法和分类法，即使后人发现命名错误或重复命名的现象，也已经形成了"传统"，文献中才会出现所指"北瓜"五花八门的现象。要之，"北瓜"最初真正的含义更多是一种象征意义，而不是具体到某种瓜类，只是将一些不认识的瓜命名为"北瓜"。

其他瓜类如冬瓜、西瓜、黄瓜等传入中国日久，即使仍有极少数地区认知不清，但相对来说民间总体认知度还是较高的，知晓该瓜的称谓，一般不会混淆。换言之，西瓜、冬瓜等瓜类的命名已经定型，虽然有诸如"寒瓜""东瓜"等别称充斥其间，大家也能做到心中有数。但是南瓜则不然，16世纪初叶方引入中国，即使有李时珍等人"保驾护航"，但毕竟是新鲜事物，加之知识和时代局限，不少人对南瓜的来源抱以疑问。更重要的是，"多样性之最"的南瓜实在是种形、颜色差异太大（果实的形状或长圆，或扁圆，或如葫芦状，果皮的色泽或绿或墨绿或红黄），基因库太过丰富且

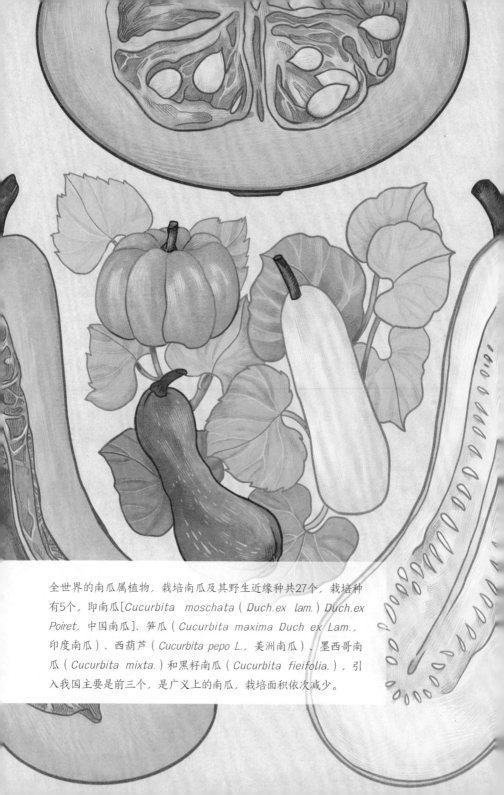

全世界的南瓜属植物，栽培南瓜及其野生近缘种共27个，栽培种有5个，即南瓜[Cucurbita moschata（Duch.ex lam.）Duch.ex Poiret，中国南瓜]、笋瓜（Cucurbita maxima Duch ex Lam.，印度南瓜）、西葫芦（Cucurbita pepo L.，美洲南瓜）、墨西哥南瓜（Cucurbita mixta.）和黑籽南瓜（Cucurbita fieifolia.），引入我国主要是前三个，是广义上的南瓜，栽培面积依次减少。

极易发生变异，会增加国人认识的难度（即使是今天，我们要识别南瓜与笋瓜也要从茎、叶、花、蒂等多方面入手）。

概言之，古人将个别非典型南瓜命名为"北瓜"时，其实并不知它就是南瓜，才会造成"南瓜""北瓜"并列的现象，所谓的"葫芦形、深绿色品种"就属于这一情况。那么明代的"北瓜"除了是葫芦形、深绿色品种的南瓜之外，还有什么情况？我们认为笋瓜（*Cucurbita maxima Duch* ex Lam.）是不容忽视的。

笋瓜亦是葫芦科南瓜属作物，与南瓜很难区分，但其在美国乃至世界的普遍性并不逊色于南瓜，我们通常所见之最重的"南瓜王"其实多是笋瓜。但因"笋瓜"之名诞生于清乾隆年间，相对较晚，导致我们很难把握它的流布史，很有可能它是混杂在"南瓜"尤其是"北瓜"中。色青、色黑、色绿的笋瓜是很常见的，基于文献我们已经无从考究（同样基于文献也无法判断葫芦形、深绿色的就一定是南瓜），但是这种可能性是确实存在的。夏纬瑛分析将笋瓜称为"北瓜"的原因是笋瓜"皮之色白者，俗亦呼为'白南瓜'，若省去'南'字，即是'白瓜'，'白瓜'可以因方言而读作'北瓜'"，如嘉庆年间《定边县志》载"北瓜，皮瓤子俱白，味甘美"，就是笋瓜。

即使"北瓜"仅是南瓜的一个品类，也不代表没有人知悉两者的相通性，所以明末张履祥《补农书》载"南瓜形扁，北瓜形长，盖同类也"，逐渐"北瓜"就作为南瓜的代称了，这种情况应该是最为普遍的。清鲍相璈《验方新编》载"南瓜，北人呼为倭瓜，江苏等处有呼为北瓜者"，张宗法《三农纪》载"南人呼南瓜，北人呼北瓜"，这类记载不胜枚举。到了民国时期，"北瓜"已经完全成为南瓜的代名词，并大有赶超"南瓜"的趋势了，齐如山在《华北的农村》中就说："北瓜亦曰倭瓜，古人称之为南瓜，乡间则普遍名曰北瓜。"

总之，清代以降，"北瓜"在不同地区指向性越来越多，已经让人极易混淆了，所以迟至光绪《黄岩县志》载"南瓜俗名南京瓜，实大如盒，北瓜差小，俗名北岸瓜，以来自江北也"，这种似是而非的记载已经不足为信了。就如口口相传的"洪洞大槐树"的历史记忆一样，都是由社会所建构的，越接近晚期，其层累的痕迹越明显。

模糊地说，将"北瓜"视为"南瓜属"的共同体大致是没有问题的，但是不能轻易将"北瓜"对号入座，因为其象征意义大于实际意义。近代社会，"北瓜"几乎替代"南瓜"，但是后来又发生"南瓜"转向，这与国家权力的操控分不开，就不是本章的话题了。

近年，"北瓜"再次发生了转向，多指笋瓜。

土豆来自何方？

　　土豆，学名马铃薯（*Solanum tuberosum* L.），茄科多年生草本植物，块茎可供食用。在中国不同地区还有"地蛋""山药蛋""洋（阳）芋""荷兰薯"等别称，土豆是其最常见别名，这些看起来"土味十足"的称谓，却不能掩盖土豆是外来植物的事实。

　　土豆起源于美洲，至少在7000年前，土豆已经在南美洲安第斯山区的海拔3800米以上的"的的喀喀湖区"被发现，此地海拔较高，其他作物难以生存，却塑造出了土豆这样耐寒耐旱的高产作物，南美的一支印第安部落尝试对其栽培，发现土豆产量很高，于是便大面积种植，此地的高寒环境有如"冰箱"也有助于了"丘纽"（chuno，风干土豆）的保存，土豆逐渐成为南美印加帝国主食。印加帝国认为土豆是上天对他们的恩赐，将土豆奉为"丰收之神"。

　　1492年哥伦布发现了美洲新大陆，当1536年第一批欧洲探险家到达秘鲁的时候，发现当地人种植一种名为"papa"的奇特的地下果实，这就是土豆了。随着西班牙殖民者对印加帝国的征服，1551年土豆被殖民者西扎·德·列昂（Pedro Cieza de León）作为一种"战利品"从秘鲁带回了欧洲，敬献给西班牙国王查理一世；1586年英国德雷克舰队回到英国普利茅斯港，也携带了一些

土豆实为清代才进入中国。

土豆，没过几年，土豆传入爱尔兰。

但是在它刚传入旧大陆的相当长的一段时间里并未被人们认可，只限于园圃栽植，作为观赏或药用作物，1601年克鲁修斯（Carolus Clusius）的《稀有植物的历史》（Rariarum plantarum historia）似乎是欧洲种植土豆的最早记载，该书关于土豆的描述书写于1588年。即使到了17、18世纪，欧洲人对土豆还是充满了争论与怀疑的：有些人认为它是催情药，有些人则认为土豆会引起发烧、麻风、结核等疾病；一些保守的东正教教父甚至指责土豆是邪恶的化身，他们的主要理由就是《圣经》里面从来没有提到过这种作物。18世纪狄德罗等人的《百科全书》，仍认为土豆没有味道，不属于可口的食物，会引起肠胃胀气，只适合需要填饱肚子的干力气活的工人和农民。可见即使土豆经过了"百科全书派"的祛魅，依然被视为卑贱和低档的食物，这就是"食物的阶级性"：即对于同一种食物，不同阶级或阶层所持之态度及行为方式不同。总的来说，欧洲人还是青睐小麦（面包）、奶酪和肉类。不过自17世纪起，土豆总算逐渐走进了欧洲人的菜园和餐桌。特别是农民发现土豆的块茎生长在地下、是不可见的（产量无法估计），可以根据自己的需要适时取用，加之价值较低、收获较为麻烦，可以完美地逃避官方的征税，堪称"逃避统治的艺术"，所以土豆的广泛种植抑制了饥荒。不过18世纪中叶前，土豆主要还是在爱尔兰扮演主要食物的角色。

18世纪中叶起，土豆终于成为欧洲国家的大宗作物，完成了从菜园到大田的转变。以频繁发生战争和饥荒为契机，土豆种植迅速扩散到整个欧洲大陆，特别到1744年普鲁士大饥荒时成为一个重要的转机，国王腓特烈二世劝种土豆。同时，在法国人接受土豆的过程中，一个名叫帕门蒂尔的法国农学家发挥了重要作用（事迹详见第151~152页）。

土豆的优势在于产量高与产量稳定，它的出现养活了欧洲大量人口。以爱尔兰为例，爱人口从1754年的320万增长到1845年的820万，土豆功不可没。18世纪，土豆变成了欧洲人一日三餐不可缺少的食物，在土豆种植国，饥荒也消失了，一条长达2000英里的土豆种植带从西边的爱尔兰一直延伸到东边的乌拉尔山。

爱尔兰对土豆依赖度高，这个国家有40%以上的人在日常生活中除了土豆之外，没有其他固定的食物来源。由于土豆的晚疫病（感染了这种病菌的土豆，首先叶子上会出现病斑，并且很快就会蔓延到整棵植株，埋在泥土里的块茎也会腐烂）导致了爱尔兰大饥荒，所以又称"土豆瘟疫"。按照恩格斯的说法："1847年，爱尔兰因马铃薯受病害的缘故发生了大饥荒，饿死了一百万吃马铃薯或差不多专吃马铃薯的爱尔兰人，并且有两百万人逃亡海外。"这种单一种植的弊端，今天依然值得我们警醒。

有趣的是，虽然土豆起源于美洲，但是直到17世纪北美对土豆一无所知，伴随大饥荒和移民潮，爱尔兰人又将土豆带到美国，至今在美国的一些州还称之为"爱尔兰薯"。

一般认为土豆传入中国有两条路线：一是在16世纪末和17世纪初由荷兰人把土豆传入中国福建、台湾海峡两岸，二是在18世纪从俄国或哈萨克汗国引土豆入陕西、山西一带。现在越来越多的证据指明，东南海路一线尚不确凿，但西北陆路一线是主要线路。土豆传入中国后最早被称为"洋芋"［见清乾隆五十三年（1788）《房县志》］，明末清初的相关记载如《长安客话》中的"土豆"、清康熙《松溪县志》中的"马铃薯"其实并不是土豆。

清代，在土地贫瘠的山区，传统作物无法生长，土豆以其强大适应性迅速成为山区人民的主粮，土豆在高寒山区意义更为重大，成为山区人民的重要食料。在平原地带，水稻、小麦处于主粮地位，玉米、番薯作为辅助杂粮，土豆主要用作蔬菜。20世纪后，农民日益贫困化，以杂粮为主食的贫民比重增大，土豆这类粗粮成为贫民的主食。总之，土豆在中国影响虽大，但是主要发生在20世纪后，清代人口增加自然与土豆毫无关系，中国与欧洲的情况还是差异较大的。虽然土豆在世界的传播史仅仅四百多年，却已在世界五大洲安家落户，有125个国家种植。

今天，土豆位列世界的第四大作物，还是欧洲主食，中国在2015年推出了"马铃薯主粮化战略"，中国人依然只是把土豆作为蔬菜而非粮食，当然家常菜土豆烧牛肉、地三鲜、炒土豆丝我们还是能经常见到它的身影，更不用说薯条、粉条了，蒸、炸、煎、煮、烤，品味万千。

小瓜子里的大学问

吴越之地广为流传的《岁时歌》中这样说道："正月嗑瓜子，二月放鹞子，三月种地下秧子，四月上坟烧锭子……""嗑瓜子"何以位列诸事之首？

北宋初年成书的《太平寰宇记》卷六十九《河北道十八·幽州》中，第一次在土产部分出现"瓜子"一词。

众所周知，今天我们所说的瓜子的范围很广，不过主要作为零食食用的瓜子是葵花子、南瓜子和西瓜子。葵花子就是向日葵的种子；南瓜子又称白瓜子；西瓜子也名黑瓜子，少数是红瓜子。葵花子可以说是目前最流行的瓜子，如果单提及瓜子的话，多说的是葵花子。

瓜子流行风

中国人历来喜食瓜子，该传统不知始于何时，但明清时期已经非常流行。以明清小说为例，多有不同程度地提及瓜子，可见瓜子在社会上非常之流行。《金瓶梅》中"瓜子"出现次数较多，《红楼梦》中第八回写"黛玉嗑着瓜子儿，只管抿着嘴儿笑"。更多的文学作品如《谐铎》《歧路灯》《孽海花》等，均描写了嗑瓜子的习俗，反映出嗑瓜子习俗文化的博大精深。明万历年间兴起于民间的时调小曲《挂枝儿》有《赠瓜子》一曲："瓜仁儿本不是个希奇货，汗巾儿包裹了送与我亲哥。一个个都在我舌尖上过。礼轻人意重，好物不须多。多拜上我亲哥也，休要忘了我。"

到了清代前期，"锦州海口税务情形每年全以瓜子为要，系海船载往江浙、福建各省发卖，其税银每年约有一万两或一万数千两，或竟至二万两不等"《宫中档乾隆朝奏折》。至清代后期，东北瓜子产销更加兴盛，为货物大宗，获利甚多。清末，"瓜子，岁获约一万五千余斤，除土人用营销潦河口汉口无大宗"（《南阳府南阳县户口土地物产畜牧表图说》）。"茯苓糕，秔米粉为之馅，用糖配以瓜子仁、胡桃肉，夏间买之亦不多，作市者争购以为佳制，出枫桥市者佳"（光绪《诸暨县志》），瓜子食用方式也更加多样。

清康熙年间文昭的《紫幢轩诗集》有诗《年夜》："侧侧春寒轻似水，红灯满院摇阶所，漏深车马各还家，通夜沿街卖瓜子。"乾隆年间潘荣陛《帝京岁时纪胜》记载了北京正月的元旦："卖瓜子解闷声，卖江米白酒击冰盏声……与爆竹之声，相为上下，良可听也。"乾隆帝在新年之际，在圆明园内设有买卖街，依照市井商肆形式，设有古玩店、估衣店、酒肆、茶肆等，甚至连携小篮卖瓜子的都有，均反映了卖瓜子的盛况。

民国时期，丰子恺先生大篇幅详细地叙述了中国人嗑瓜子的习俗，认为国人吃瓜子的技术最进步、最发达："在酒席上，茶楼上，我看见了无数咬瓜子的圣手。近来瓜子大王畅销，我国的小孩子也都学会了咬瓜子的绝技。"丰子恺先生最痛恨用嗑瓜子来"消闲""消磨岁月"，把嗑瓜子当成一种国民劣根性来批判，他认为"除了抽鸦片之外，没有比吃瓜子更好的方法了，其所以最有效者，为了它具备三个条件：一、吃不厌，二、吃不饱，三、要剥壳。"瓜子对国人的吸引力和在社会上的流行程度由此可见一斑。

总之，无论是帝王将相、文人墨客还是平民百姓，男女老少都喜食瓜子。明代以来，嗑瓜子的习俗已经是中国人共同的习俗，早已被中华民族的心理所认同。

嗑瓜子也要看心情

中国人精于饮食，喜欢吃瓜子，可能是源于节俭的理念，后逐渐发展深入到饮食文化层面。嗑瓜子比较费时间，一般是比较空闲的时候，尤其在家庭成员聚到一起时，大家边嗑边聊，促进家庭成员沟通，这或许就是嗑瓜子的习俗在中国经久不衰的理由之一。

嗑瓜子的习俗可能最早兴于北方，不单是因为嗑瓜子的记载主要体现在北方的历史文献中，还有更为客观的原因，就是北方的生活习惯与气候条件。北方冬季寒冷而漫长，这段时间又属于农闲的时间，所以大家整天待在家中避寒，形象地称之为"猫冬"，消磨时间的主要方式就是嗑瓜子聊天，嗑瓜子的习俗也就这样蔓延开来。

同时，嗑瓜子需要闲适的心情，嗑瓜子之人必为闲人，嗑瓜子之心必是一颗闲心。从《金瓶梅》《红楼梦》等小说的场景来看，无一不是太平盛世的闲人在嗑瓜子。只有在太平年代，人们才有闲情逸致嗑瓜子，闲话家长里短，否则贫困人家尚不得果腹，何来嗑瓜子的心情和买瓜子的闲钱，因此。嗑瓜子习俗也反映了社会的稳定和家族的繁荣。于是，迎宾会友、逢年过节都少不了这种休闲零食了。如果瓜子去壳放好，无需去壳直接食用，反而显得索然无味了。嗑瓜子实在是平民化的情调，更是年味的缩影，过年街坊邻居、亲朋好友互相拜年，酒足饭饱不是必须的，但瓜子是一定要嗑的。

明代嗑的是西瓜子

那么，明代以来就已经流行的嗑瓜子习俗中所说的瓜子是何物？不难推测，必是西瓜子。也就是说，文献小说中里描述的众多明清时期瓜子的历史与习俗，多指西瓜子。西瓜子单独支撑了长期以来的嗑瓜子习俗，即使在葵花子和南瓜子成为常用零食之后，地位依然超然。从某种意义上来说，葵花子和南瓜子的流行原因之一是作为西瓜子的替代品，因为嗑瓜子的习俗已经很普遍了。

西瓜原产非洲，其记载最早见于《新五代史·四夷附录第二》。西瓜在漫长的自然、人工选择中分化出专门以食用瓜子为主的品种。西瓜的种仁是美味食品，尽管培育成多种优良的西瓜品种，瓜子较发达的类型各地仍有栽培，有些地方则盛行栽培，成为一种土特产，行销外地或者外国而获得厚利。这种瓜子西瓜，古往今来栽培都很多，在不同地区称呼也不同，有打瓜、籽瓜、子瓜、瓜子瓜等。打瓜"食则以拳打之故名"（民国《考城县志》），（瓜）子（籽）瓜"西瓜，别种出子者曰子瓜"（清光绪《高密县乡土志》）。

最早记载西瓜子可食的是元代《王祯农书》："（西瓜）其子爆干取仁，用荐茶易得。"此后西瓜子各种加工、利用方式的记载比比皆是。如《饮食须知》载："食瓜（西瓜）后，食其子，不噎瓜气。"《本草纲目》载："（西瓜）其瓜子爆裂取仁，生食、炒熟俱佳。"《二如亭群芳谱》亦载："（西瓜）子取仁后可荐茶。"根据开篇《太平寰宇记》的记载，西瓜子至迟在元代就已经开始作零食食用了，甚至有可能追溯到北宋初年。

宫廷中关于最早食用西瓜子的记载是晚明宦官刘若愚的《酌中志》，记载了明神宗朱翊钧"好用鲜西瓜种微加盐焙用之"。宫廷御膳的大量烘焙，必然影响上层社会对瓜子的喜好，同时又进一步影响民间。明人宋诩的《竹屿山房杂部》载："西瓜子仁，槌去殼微焙。"清初孔尚任的《节序同风录》载："炒西瓜子装衣袖随路取嚼曰嗑牙儿。"可见西瓜子之非常流行。晚清黄钧宰《金壶七墨》统计："计沪城内外茶楼酒市妓馆烟灯，日消西瓜子约在三十石内，外岂复意料可及耶。"在大都市，西瓜子消耗量尤巨。清末黄云鹄的《粥谱》载："西瓜子仁粥，清心解内热。"西瓜子的食用方式多样。

法国传教士古伯察曾在19世纪中叶前后旅居和游历中国大部分地区，对西瓜子的描绘很多："中国人对西瓜子有着特殊偏爱，因而西瓜在中国是必不可少的……有些地方，丰收时节西瓜就不值钱了，之所以保留它们，只是为了里面的瓜子。有的时候，大量的西瓜被运到繁忙的马路边免费送给过往的行人，条件是吃完了把瓜子

嗑瓜子的习俗在明代已经比较流行，清代民国时期越演愈烈。该习俗可能是源于节俭的理念，后逐渐发展深入到饮食文化层面，最终成为中国人生活中的一部分。但是在晚清之前，"瓜子"主要指的是西瓜子，晚清以来南瓜子开始流行，民国时期葵花子又异军突起，最终确定了三者三足鼎立的局面。

给主人留下……西瓜子对于中华帝国3亿人口来说，真可谓一种廉价的宝贝。嗑瓜子在18省中属于一种日常消费，看着这些人在用餐之前把嗑瓜子当成开胃之需，确实是一道耐人寻味的景致……假如有一群朋友聚在一起饮茶喝酒，桌上肯定会有西瓜子作伴。人们出差途中要嗑瓜子，儿童或是手艺人只要口袋里有几个铜板，就会拿出来买这种美味食品。无论是在大街旁，还是在小道边，到处都可以买到。你就是到了最荒凉的地区也不用担心找不到西瓜子。在大清帝国各个地方，这种消费形式确是一种不可思议、超乎想象之事。有的时候，你会看见河山行驶着满载这种心爱货品的平底木船，说句实话，这时你可能以为自己来到了一个啮齿动物王国。"

后来居上的葵花子

南瓜和向日葵都是美洲作物，起源于美洲，在1492年哥伦布发现美洲之后才辗转传入中国，传入中国的时间应该是在16世纪上半叶，也就是晚明的嘉靖年间。

先看南瓜，南瓜子要比葵花子流行得早些。最早关于南瓜子售卖的记载来自《植物名实图考》："（向日葵）其子可炒食，微香，多食头晕，滇、黔与南瓜子、西瓜子同售于市。"晚清以来，南瓜子可食的记载非常多，远超葵花子，较早的记载有咸丰《兴义府志》"郡产南瓜最多，尤多绝大者，郡人以瓜充蔬，收其子炒食，以代西瓜子"、同治《上海县志》"子亦可食"等。

最早记载葵花子可食的是清康熙年间的《桃源乡志》："葵花，又名向日葵，色有紫黄白，其子老可食。"最早记载葵瓜子售卖的是《植物名实图考》，也是晚清的事了，开始售卖不代表成为流行零食，而且记载也只能反映滇、黔一带的情况而已。

最早记载向日葵大规模栽培的是民国《呼兰县志》："葵花，子可食，有论亩种之者。"向日葵在清代依然主要作为观赏性植物，开始规模栽培了，这说明葵花子已经开始流行了。但清代关于葵花子食用及售卖的记载并不多，偶有记载诸如"子生花中生青熟黑可炒食，香烈甚于瓜子"（光绪《诸暨县志》），可知"葵花子"和"瓜子"在清末仍是两个不同的东西。向日葵在方志中多是归为"花属""花类"等，其籽粒也应该是"花子"而不是"瓜子"。

瓜子界的"三足鼎立"

虽然葵花子和南瓜子也是瓜子中的一员，但是在社会上流行却是近代以来的事了。南瓜子大概从晚清时期开始流行，葵花子大概从民国时期开始流行。民国时期，"（南瓜）瓜瓤有子，较西瓜子为大，盐汁炒之，可供消闲咀嚼，予以不擅食西瓜子故，乃对于南瓜子有特嗜，盖南瓜子易于剥取其仁也"。可见南瓜子虽然已经有广泛的食用人群了，但是较西瓜子相比，还是略逊一筹，而"向日葵……除榨油外，又可炒熟佐食，即俗称香瓜子者是"（郑逸梅《花果小品》）。葵花子民国时期更多被称为香瓜子，但是该称呼我们比较陌生。最早"香瓜子"的称呼在清同治《上海县志》中有记载："秋葵，《府志》黄葵，俗呼黄罗伞，案今呼对日莲，子名香瓜子。"但"香瓜子"一名在晚清还不常见，或可说明葵花子的流行也是在民国时期，之后香瓜子之名传遍中国，至少实现了从"花子"到"瓜子"过渡。

民国时人齐如山说："南瓜所生之子，销路也极大，亦曰倭瓜子，因永与西瓜子同时食之，彼黑色，便名曰黑瓜子，此则色白更名曰白瓜子；吃时加盐稍加一些水，入锅微煮，盐水浸入瓜子而干，再接续炒熟，或微糊亦可，味稍咸而干香，国人无不爱食者，故干果糖店中，无不备此，宴会上更离不开他，客未到之前，必要先备下黑白瓜子两碟，席间亦常以此作为玩戏之具，此见于记载者很多；因其价贱，且吃的慢，无论贫富皆食之，而且全国通行，不过乡间则只年节下用之，平常则不多见，亦因农工事忙，不比城池中人清闲者多，故无暇多吃零食。"葵花子流行程度远不及"黑白瓜子"。

1949年之后，葵花子异军突起，或是因为好吃，或是因为好嗑，或是因为收获方便，或是因为高产，终于后来居上，成为中国人最主要的休闲果品，在今天更是"反客为主"。从最早流行的西瓜子到晚清时期的南瓜子，再到民国时期的葵花子，瓜子界终于确定了"三足鼎立"的局面。

向日葵的角色转变

葵花子已成为全球产量仅次于大豆的重要油料作物。

向日葵，又名西番莲、西番菊、望日莲、太（向）阳花等，原产于美洲，明代中期才传入我国，除了东南沿海一路外，还有可能自西南边疆传入。1993年，河南新安荆紫山发现向日葵图案琉璃瓦，该瓦为明正德十四年（1519）当地重修的玄天上帝殿遗物。但是河南方志记载向日葵最早见于万历三十六年（1608）《汝南志》，而且只有"向日葵"这一名称，无性状描写等，说明尚在引种初期。此时与琉璃瓦时间相距89年，所以该瓦片的确切时间与图案所指尚有待考证。

明嘉靖四十三年（1564）浙江《临山卫志》中出现了向日葵在我国的最早记载，虽然仅有"向日葵"这一名称记载。此外还有天启七年（1627）浙江《平湖县志》等，均只载有名称，只字未提向日葵的性状、栽培、加工利用等。

而对向日葵最早的性状描写是明万历四十七年（1619）姚旅的《露书》："万历丙午年（1606）忽有向日葵自外域传至。其树直耸无枝，一如蜀锦开花，一树一朵或傍有一两小朵，其大如盘，朝暮向日，结子在花面，一如蜂窝。"

稍后成书于1621年的王象晋《二如亭群芳谱》"葵"篇记载："西番葵，茎如竹，高丈余。叶似蜀葵而大，花托圆二三尺，如莲房而扁，花黄色，子如草麻子而扁。"但是《二如亭群芳谱》在"菊"篇的附录又记载了一次："丈菊，一名西番菊，一名迎阳花。茎长丈余，干粗如竹。叶类麻，多直生。虽有旁枝，只生一花，大如盘盂，单瓣色黄，心皆作案如蜂房状，至秋渐黑紫而坚。取其子种之，甚易生。"显然还是向日葵的性状描写，同是向日葵为什么记载了两次？叶静渊（1999）认为"王氏在《二如亭群芳谱》自序中称是书乃'取平日涉历咨询者，类而著之于编'，可见

《二如亭群芳谱》中著录的向日葵乃来自'咨询'，作者并未亲眼目睹。将来自不同咨询对象和渠道的以不同名称命名的向日葵'类而著之于编'是顺理成章、不足为怪的；而且恰恰表明当时向日葵在我国栽培的时间还不长，人们对它不甚熟悉。"

最早提到"向日葵"这个名字的是一本明末著作——文震亨的《长物志》，此后清代陈淏的《花镜》等著作也用了这一名称。

"明清时期引种的植物的命名往往带有'番'字，向日葵被命名为'西番葵''西番菊'是从国外引种的明证。"姚旅《露书》中的记载也是"忽有"向日葵自外域传至，两书的记载都表明直到17世纪上半叶，向日葵在中国依然是陌生的作物，根本不可能大面积地引种和推广。张箭（2004）也曾撰文认为："虽然明后期向日葵便已传入，但明末两部农学植物学巨著徐光启的《农政全书》和李时珍的《本草纲目》尚未提到向日葵，所以可推那时它的栽培还不普遍。据以上《二如亭群芳谱》的记载，估计主要同作观赏植物和药用作物。"笔者是比较认同的。

　　成书于清康熙二十七年（1688）的《花镜》载"向日葵……只堪备员，无大意味，但取其随日之异耳"，意思是说向日葵在花中就是充充数的，没什么意思，只是它随着太阳而动比较特殊而已，这一记载也能说明向日葵在清代中期只是观赏用。其实向日葵不止在清代前期，有清一代都主要作为观赏用植物，清代各地方志都将向日葵列于"物产·花类（属）"中也能说明这一点。道光二十五年（1845）（贵州）《黎平府志》卷十二《物产》首次将向日葵同时列于"果之属"与"花之属"中。

　　清末《抚郡农产考略》在"葵"篇中记载了向日葵，"墙边田畔，随地可种，生长极易"，说明直到晚清向日葵都没有形成规模栽培，没有出现在大田，只是作为副产品零星种植，其中"瓜子炒熟味甘香，每斤值三四十钱，子可榨油"是葵花子可榨油的首次记载，可见向日葵榨油同样较晚。民国四年（1915）贵州《瓮安县志》载"葵花，其子香可食，又可榨油但不佳"，可见葵花子油根本没有普遍流行，倒是可见葵花子作为零食逐渐流行起来，但这也是清末以来的事情了，所以我们看到明清小说里面的"瓜子"基本都不是葵花子。民国以后，向日葵在充当果品、榨油等方面异军突起。

各省方志中向日葵的最早记载大部分都发生在清代，浙江、河南、山东、山西、河北五省在明代已有向日葵记载，而黑龙江、青海、西藏三地民国时期始有向日葵记载。具体情况可见下表。

全国各省方志最早记载向日葵情况

省份	最早记载时间	出处	省份	最早记载时间	出处
浙江	嘉靖四十三年（1564）	《临山卫志》	河南	万历三十六年（1608）	《汝南志》
山东	万历三十七年（1609）	《济阳县志》	山西	万历四十六年（1618）	《安邑县志》
河北	天启二年（1622）	《高阳县志》	安徽	顺治八年（1651）	《含山县志》
江苏	顺治十一年（1654）	《徐州志》	陕西	康熙二十年（1681）	《米脂县志》
湖南	康熙二十三年（1684）	《零陵县志》	湖北	康熙三十六年（1697）	《宜都县志》
辽宁	康熙二十九年（1690）	《辽载前集》	甘肃	康熙四十一年（1702）	《岷州志》
福建	康熙三十九年（1700）	《漳浦县志》	贵州	康熙五十七年（1718）	《余庆县志》
广西	康熙四十八年（1709）	《荔浦县志》	江西	雍正三年（1725）	《武宁县志》
云南	乾隆元年（1736）	《云南通志》	广东	乾隆四年（1739）	《兴宁县志》
台湾	乾隆七年（1742）	《台湾府志》	新疆	乾隆四十七年（1782）	《西域图志》
四川	咸丰元年（1851）	《南川县志》	内蒙古	光绪九年（1883）	《清水河厅志》
吉林	光绪十一年（1885）	《奉化县志》	黑龙江	民国六年（1917）	《林甸县志略》
青海	民国八年（1919）	《大通县志》	西藏	民国二十四年（1935）	《西藏史地大纲》

向日葵总体记载较晚，在清代也只是零星种植。上表中只有吉林、黑龙江两省记载向葵花子可食的情况，绝大部分省份都只是在花类（属）记载"向日葵"三字而已，全无性状、利用等描述，可见清代中期以前向日葵还是主要作为观赏植物。方志中也无大面积栽培记载，直到民国十九年（1930）黑龙江《呼兰县志》卷六《物产志》载"葵花，子可食，有论亩种之者"，这是向日葵大面积记

载的最早记录。

向日葵与其他美洲作物一样适应性很强，《致富奇书广集》记载："其性，不论时之水旱，地之肥瘠，高下俱生，路旁墙头生者，俱茂，宜于不堪耕种之地种之。"民国《定海县志》说"向日葵，瘠土废地均可种"，清光绪《周庄镇志》也说"向日葵，田岸篱落间俱种之"等，均反映了向日葵具有耐盐碱、耐瘠薄、栽培管理简便等特点。栽培向日葵可以不与主要粮食作物争地、争季，可利用晚秋生长季，对土壤可起到脱盐碱作用，可充分利用沙荒、盐碱风沙薄地低产农田。而且，向日葵栽培技术也比较简单：大田生产，可以畦种；用饱满的葵子点种在畦内，株距一尺多；杂草用手拔，可不用锄；种时施以熟粪，并以土培覆（《抚郡农产考略》）。所以，在技术水平比较低的情况下，向日葵在我国的大部分省区都有种植，而且产量也颇高，这是葵花子榨油有利可图与成为第一等瓜子类零食的原因。此外，我国向日葵主产区的自然气候条件优于世界其他同纬度地区，更适宜发展向日葵生产。气候较冷凉、海拔或纬度较高的地方籽粒含油量较高，这些地方适宜栽培生育期较短的油用向日葵品种，如北部高原区、内蒙古西部和宁夏、甘肃部分地区；而生育期较长的子用向日葵品种则适宜在气候较温和、纬度或海拔较低的地方生长，如东北平原、华北东部等地。

向日葵从观赏作物彻底转变为经济作物，其实也就是百余年的历史，反映了向日葵逐渐摆脱了边缘化的历史地位，被国人赋予了生命、人性以及文化。由于被社会、文化或政治力量界定的人类需求的变化，其生命史中商品价值、身份或意义也在转变。

"胡麻" 非亚麻

今天我们提到的"胡麻"，多是指一年生草本植物——亚麻科亚麻属的亚麻（*Linum usitatissimum* L.）。亚麻分为纤维类、油用以及半纤维半油用三种类型，纤维亚麻的栽培始于20世纪初，本章所指均为在中国栽培历史最久的油用亚麻。"亚麻"是胡麻的正式名称，"胡麻"作为民间约定俗成的别称已经罕见于专业植物志等出版物，但因用语习惯根深蒂固，依然被广泛应用，造成正名"亚麻"与俗名"胡麻"长期共存的现象，在口头表达和行文中数见不鲜。

以今天的视角观之，似乎胡麻就是亚麻，不过胡麻怎么又会和胡麻科胡麻属的芝麻（*Sesamum indicum* L.）扯上关系呢？

芝麻原产

"胡麻"是一个后发词汇是没有问题的，是为了区别中国本土的麻（大麻、汉麻），"以胡麻别之，谓汉麻为大麻也"（《梦溪笔谈》）。胡麻是从大宛还是西域传入早已无从考究，胡麻代表的这一作物是汉代以降从西域传入大概没有问题。因此当"芝麻原产论"被提出后，胡麻被赋予的作物指向便开始偏离芝麻。

"芝麻原产论"的根据，主要便是浙江杭州水田畈、浙江湖州钱山漾、江苏吴江龙南等良渚文化遗址的考古发掘报道发现了芝麻。根据上述发掘报告，既然中国是芝麻的原产地之一，胡麻也就自然是另有所指了，这是亚麻派的观点之一。然而，这些"芝麻"种子自发掘之始就伴随着怀疑，之后逐渐推翻了该结论，发现其实为甜瓜的种子。亚麻派却一直援引半个多世纪之前的错误发掘报告，以讹传讹。

早在1983年，浙江嘉兴雀幕桥遗址就发现了与上述遗存相同形态的种子，经鉴定是栽培甜瓜（小泡瓜）没有发育好的籽粒。2004年钱山漾遗址再发掘时，也发现甜瓜种子参差不齐的现象，小的便是类似上述遗存，考古专家郑云飞的实验也肯定不是芝麻而是甜瓜子。游修龄进一步指出：芝麻种子基部大的一端钝圆而平，甜瓜种子基部大的一端圆而尖形，钱山漾"芝麻"遗存恰恰是典型的甜瓜种子。

其实，即使暂且认为这些籽粒是芝麻，地大物博的中国只有这么两三处芝麻遗存难道不奇怪吗？总之，迄今为止也没有更多的考古发掘、野生种质资源的发现和先秦、秦汉文献来佐证其存在的合理性。所谓的发掘报告可以说是一个错误的孤证，同样案例也发生在花生、蚕豆、番茄的身上。

"芝麻原产论"的观点，还认为先秦文献中的麻包括芝麻，该观点确实惊世骇俗。历史时期的麻，从古到今考证颇多，尤其是作为粮食作物的总称"五谷""六谷""九谷"等中的麻，除了大麻别无他物。直到隋代前后，《切韵》中麻的概念又增加了苎麻，此后麻的外延不断扩大。该观点的重要论据一是西汉史游《急就篇》"稻黍秫稷粟麻秅"，唐人颜师古注曰"麻谓大麻及胡麻也"，颜注经常被作为史游原文，这种解释后面又被方以智在《通雅》中集成。最想当然的说法莫过于清人刘宝楠《释谷》"中国之麻称胡者，自举其实之肥大者言之，如胡豆、戎豆之类，不以胡地称也"，就是释"胡"为"大"义，胡麻乃中国原产。孙星衍在《神农本草经》的注同样秉承了该观点，近人有人言"胡麻的'胡'盖取喻于戈戟，从其植株形态得名"，不管所谓"胡"的语义为何，都无法解释为何在张骞"凿空西域"之前没有出现胡麻，终究不过是擅自测度。

芝麻原产地有四种观点：非洲说、爪哇说、埃及说和巽他群岛说。其中非洲说最能站得住脚，无论是中东的文献资料、非洲的野生近缘植物都可以支撑这一观点，劳费尔、第康道尔等均支持非洲说。流行说法就是在史前时期芝麻从非洲引种到印度，品种分化后分东西两路传播，东路即进入中国。更为重要的是芝麻在伊朗具有悠久的历史，所以劳费尔肯定地认为芝麻经由伊朗传入中国。

相比较芝麻较为清晰的情况，亚麻则是一笔糊涂账。"原产地多元论"是一种比较好的解释，"亚麻之俗名如此之多，在欧洲、埃及与印度之栽培又复如此之古，且印度之亚麻又专供榨油之用，故作者甚信此数种亚麻，系在异地各别起源栽培，并非互相传输仿效"《农艺植物考源》，且并未提及亚洲原产，传入亚洲（包括中国）之时间亦难以确定。

总之，芝麻在张骞"凿空西域"之后，从伊朗经由丝绸之路传入，被命名为胡麻以区别大麻是比较符合历史演进规律的。换言之，中国历史上早期记载的胡麻均是芝麻。

巨胜

逆向思维，如果早期胡麻是亚麻，那么芝麻的名称是什么？油麻、脂麻、芝麻名称出现均是在唐代以后，而且油麻、脂麻根据文献记载分明与胡麻是一物。即使我们姑且认为亚麻和芝麻一道在汉代通过丝绸之路从域外传入，如果胡麻是亚麻，那么芝麻称之为何？两者含糊地统称为"胡麻"的情况是不可取的，因为两者区分度是相当大的，古人没有理由会如此省事地同名异物。而且芝麻比亚麻的用途更广、适应性更强，因此分布更加广泛，难以想象芝麻一直匿名到唐宋才出现自己的专属名称。坊间常见的说法是芝麻古称"巨胜"。我们先就巨胜考镜源流。

巨胜等同芝麻的始作俑者是陶弘景。首先，陶弘景之前，未闻"八谷"（黍、稷、稻、粱、禾、麻、菽、麦），只有"五谷""六谷""九谷"，所谓"八谷"是陶弘景杜撰，它们并不是八种并列的作物。陶弘景第一次提出胡麻"本生大宛"，被后人争相沿用，实际上在信史中从来没有提到过胡麻来自哪里，诚如劳费尔所说"（来自大宛）这种幻想不能当作历史看待"。更加有趣的是，陶弘景认为"八谷"中的麻就是胡麻，充分反映了陶弘景并不熟悉农业生产或故意为之。麻是胡麻，提出后不断被后人因袭，上文提及的颜师古注《急就篇》极有可能就受到了陶弘景的影响。

在陶弘景之前，巨胜本是胡麻的别称之一，陶弘景提出了"茎

"胡麻"在丝绸之路开通之后传入中国，至迟到东汉时期，中原地区已见栽培，南北朝时期已经传遍大江南北，成为食用油的主要原料兼有代饭食的功能。

方名巨胜，茎圆名胡麻"。我们要追问的是，如果这不是陶弘景的臆断，为何在陶弘景之前的文献中，巨胜一直是胡麻的称谓之一？如果之前巨胜的特征是茎方，为何会与茎圆的胡麻混淆？显然，茎方、茎圆不能真正反映巨胜和胡麻的区别。所以，清人王念孙才一直坚信巨胜、胡麻本是一物，即使把巨胜作为胡麻的一个特殊品种也是不能同意的，"胡麻一名巨胜，则二者均属大名，更无别异，诸说与古相远，不足据也"（《广雅疏证》）。此其一。

亚麻与芝麻可以从很多层面进行区别，植株形态如子实、蒴果、株高、花色等，依靠微观的茎的形状实在不是一个好的区分方式，如此区分只能让人联想到巨胜和胡麻其实是一种作物的不同品种，只能从细微之处考异。事实上，根据陶弘景本人的论述，他也是将巨胜和胡麻当成一个"种"，而没有视为不同的"属"。所以，苏颂说"疑本一物而种之有二，如天雄、附子之类，葛稚川亦云胡麻中有一叶两荚者为巨胜是也"，可见葛洪也就认为巨胜是胡麻中"一叶两夹"者。李时珍可以为该说法盖棺："巨胜即胡麻之角巨如方胜者，非二物也。"至于李时珍所绘之巨胜图与胡麻图，叶子均是互生，胡麻图确为芝麻，差别主要在于巨胜的叶子为鸭掌形，当是绘制错误，此巨胜图也不可能是亚麻或其他。此其二。

从植物分类学的角度，根据微观茎秆进行区分也不是那么容易实现的。亚麻茎圆柱形不假，但是芝麻恐怕无法用依据"茎方"一言以蔽之，芝麻基部和顶部略呈圆形，主茎中上部和分枝呈方形，加之芝麻品种多样（尤其今天无法揣测中古时期的芝麻形态），无法单纯判断芝麻茎的形状。根据我们田野调查所见和老农之言，用"不规则的方形"来形容最为合适。正因依靠茎之方圆难以区分，所以李时珍才说"今市肆间，因茎分方圆之说，遂以芜蔚子伪为巨胜，以黄麻子及大藜子伪为胡麻，误而又误矣"。此其三。

总之，胡麻就是巨胜，巨胜就是胡麻，同物异名而已，如果认为巨胜就是芝麻，胡麻自然也是。那么，"巨胜"等别名是怎么诞生的？笔者已从考古学的角度进行了论证，胡麻即为芝麻，下文从文献学的角度继续论证。

中世文献

笔者发现作物的同物异名现象虽然极其常见，但多是由于时代、地域的差异造成的，也就是说这是一个长期的过程，如胡麻一般自有记载以来就伴随着四五个异名的情况实属罕见。

《广雅》中的记载"狗虱、巨胜、藤宏，胡麻也"，是关于胡麻最早的记载之一。狗虱、巨胜、藤宏后人多有解读，仅举一例：李时珍说"巨胜即胡麻之角巨如方胜者……狗虱以形名……弘亦巨也，《别录》一名弘藏者，乃藤弘之误也"。我们尝试用一种新的方法来解读该史料：曹魏距离胡麻引种的时间不久，估计尚不到一百年，既然已经有胡麻这样的正统名称，有必要再增加三四个其他名称使人迷茫吗？以"狗虱"为例，狗虱比喻胡麻的子实可算贴切，但强出生物狗虱来命名胡麻必会导致称谓混乱，单独使用则不知究竟是虱子还是胡麻。因此，我们认为，《广雅》中的"狗虱、巨胜、藤宏"，意在强调胡麻的特征，而不是作为胡麻的别名。《神农本草经》也只记载了巨胜，而未见胡麻其他名称，到陶弘景时则能动地利用了《广雅》原文，将之纷纷作为胡麻的别名书写进了《本草经集注》。

用狗虱形容芝麻的子实还是比较贴切的，狗虱大小与芝麻差不多。而李时珍将亚麻称为壁虱胡麻，则是因为亚麻与壁虱（蜱虫）形态差不多，大于狗虱，从这个层面上也可以论证胡麻（巨胜）确系芝麻。

《齐民要术》第一次详细记载了胡麻的栽培技术，不仅在"种麻第十三"专门大篇幅阐述，且在"杂说""耕田第一""种谷第三""种麻子第九"均有论述，标志着胡麻已经完成本土化，融入了精耕细作的传统种植制度。《齐民要术》记载的胡麻栽培技术包括农时、整地、播种、田间管理、收获等，均是芝麻无疑。缪启愉在校释时说："胡麻，即脂麻、油麻，今通作芝麻……甘肃等地称油用亚麻为胡麻，非此所指。"缪先生为什么如此确定？本章仅举一例进行说明：《齐民要术》特别指出"种，欲截雨脚。若不缘湿，融而不生"，就是说胡麻要趁下雨没有停时播种，否则就融化，难以发芽。这是因为芝麻种子细小，不能深播，要求耕层疏松深厚，表土层保墒良好、平整细碎，所以顶土力弱且细小的芝麻种子一般不覆土（或覆表土），但这样很容易失水，雨后接湿播种，则没有后顾之忧。至于亚麻，在栽培学中并没有这个注意事项。实际上，李时珍早就指出："贾思勰《齐民要术》收胡麻法，即今种收脂麻之法，则其为一物尤为可据。"

近世文献

芝麻的常用别称"油麻""脂麻"我们不作为论据，因为亚麻同样出油，同样可以称为"油麻"。至于"脂麻"，历史时期均是指芝麻，但因"脂"也有油之意，作为一项严谨的考证工作，我们仅从胡麻和芝麻的语境出发。

《新修本草》提出了一种巨胜和胡麻的鉴别方式："此麻以角作八棱者为巨胜，四棱者名胡麻。"我们已经知道巨胜就是胡麻，再重新审视这段话会有新的发现——蒴果。亚麻的蒴果都是球状形态，只有芝麻的蒴果呈短棒状，蒴果上有四棱、六棱或八棱，芝麻每一叶生蒴果数与花数基本一致，分单蒴和多蒴。要之，凡是涉及蒴果棱数问题的均是芝麻，《食疗本草》云"山田种，为四棱"，均可见唐人已对芝麻有了清晰的认知，在叙述方式上并不会张冠李戴。宋人罗愿《尔雅翼》秉承了这种观点。

《本草图经》云"葛稚川亦云胡麻中有一叶两荚者为巨胜是也"，一叶多蒴的情况也更加倾向于芝麻。再者，《本草图经》又云："生中原川谷，今并处处有之……苗梗如麻，而叶圆锐光泽，嫩时可作蔬。"一者，亚麻栽培区域以西北为主，芝麻才堪称"处处有之"；二者，亚麻叶互生，叶片线形、线状披针形或披针形，只有芝麻叶矩圆形或卵形，因此"叶圆锐光泽"，必是芝麻叶。

《四时类要》在书写胡麻时除了"叶圆锐光泽"之外还描绘了花色、蒴果、生长特征等，分明为典型的"芝麻开花节节高""秋开白花，亦有带紫艳者，节节结角，长者寸许，有四棱、六棱者，房小而子少，七棱、八棱者，房大而子多……有一茎独上者，角缠而子少，有开枝四散者，角繁而子多……其叶本圆而末锐者，有本圆而末分三丫如鸭掌形者"。《农桑衣食撮要》在"种芝麻"条中最早直接指出芝麻"又云胡麻"。

李时珍的工作最为卓越。陶弘景之误在《本草纲目》中已经彻底澄清，李时珍通过一系列的释名、集解和自我思考，得出的结论自然与我们相同。不过近人单从字面意思误读了他的想法，单纯认为李时珍认同胡麻是脂麻但不是芝麻，原因是"[释名]……油麻（食疗）脂麻（衍义），俗作芝麻，非"，本段名为"释名"，"芝"与"脂"谐音，李时珍认为"芝麻"当是"脂麻"在传抄过程中的误写，故进行了纠错，并不是说"脂麻"不是芝麻，联系下文亦可肯定为芝麻。明人著作如《三才图会》《闽书》《二如亭群芳谱》《本草原始》《野菜博录》《农政全书》《天工开物》《通雅》等经推敲均可知胡麻确系芝麻，不再一一尽述。

谷之属

胡麻自有文献记载以来就放在谷属（部），甚至列席谷部第一，还在大麻之前，何也？盖因《神农本草经》将之列为"本经上品"，以后成为本草书定例，直到《植物名实图考》时依然如此。胡麻作为粮油作物，既可当饭又可用油，作为饭食味道尚佳，加之一些特有功效（包括形塑的功效），被视为上等食物，作为油料亦被视为上佳，具有一般粮食作物所没有的特征，自然一直被列为谷之属。

最早关于胡麻可食当在《本草经集注》，"熬、捣、饵之，断谷，长生，充饥"，具有一定的神秘色彩。陶弘景"八谷之中，惟此为良"，虽是把大麻误作胡麻，未尝也不是该意。正史中《魏书·

岛夷桓玄》最早记载"江陵震骇，城内大饥，皆以胡麻为廪"，可知其在粮食作物中的重要地位，是为重要救荒作物。《齐民要术》云"人可以为饭"，王维有诗"御羹和石髓，香饭进胡麻"等数首，寇宗奭补充"此乃所食之谷无疑"，唐代《杜阳杂编》记载奇女卢眉娘"每日但食胡麻饭二三合"，类似"胡麻饭"记载不绝于书。《天工开物》推崇备至："凡麻可粒可油者，惟火麻（按，即大麻）、胡麻二种，胡麻即脂麻……今胡麻味美而功高，即以冠百谷不为过。"当然胡麻榨油更加有利可图，所以"收子榨油每石可得四十余斤，其枯用以肥田，若饥荒之年，则留人食"，宋应星在下文又同时提到亚麻不堪食，则胡麻为芝麻确矣。宋应星说："麻菽二者，功用已全入蔬饵膏馔之中（按，麻指大麻和胡麻）。"可见直到明代后期，胡麻才退出主食地位，但之后依然居谷之属。以上胡麻若是芝麻的话，一切是顺理成章的，亚麻呢？

在不能确定亚麻别称的情况，我们先观察确定描绘亚麻的历史书写。《本草图经》被认为是亚麻可能的最早记载，只简单描绘了"亚麻子"的基本性状。《本草纲目》才有了一次较为详细的叙述："今陕西人亦种之，即壁虱胡麻也，其实亦可榨油点灯，气恶不堪食，其茎穗颇似茺蔚，子不同。"亚麻适口性差，所以李时珍才说亚麻"气恶不堪食"。清代《采芳随笔》谈到亚麻时也压根儿没有提到可食。《植物名实图考》中山西胡麻所配图很明显就是亚麻了，吴其濬指出"其利甚薄，惟气稍腻"。再到民国《尔雅谷名考》又言："此虽麻类，只堪入药，与农家所种之麻无涉，惟名亦习见，录之所以杜淆乱也。"以上是较为集中记载亚麻的文献一览，众口一词，认为亚麻种植很少，且不堪食用。如此确实很难与历史上常用粮食作物的胡麻相匹配。目前关于胡饼的研究颇多，关于"胡饼"名称由来的解释之一，即"以胡麻着上也"（《释名》），研究者均认为胡麻为芝麻，芝麻醇香可口，"漫冱"于饼上是上上之选，与今天何其相似。

我们不厌其烦的论证都在这里，结论已经呼之欲出。此外，文献（如《陈旉农书》）所见南方一带也常有胡麻，而亚麻多不适合在南方种植，除了西南边陲根本罕有栽培种。同为油料作物，亚麻在食用油方面也不可能有胡麻这样的广度和深度，这都是应当冠名"芝麻"的，限于篇幅就不再展开了。胡麻名实考论，至此可以休矣。

参考文献

专著

[1]第康道尔.农艺植物考源[M].俞德浚，蔡希陶，编译.胡先骕，校订.上海：商务印书馆，1940.

[2]布累特什奈德尔.中国植物学文献评论[M].石声汉，译.北京：商务印书馆，1957.

[3]星川清亲.栽培植物的起源与传播[M].段传德，丁法元，译.郑州：河南科学技术出版社，1981.

[4]瓦维洛夫.主要栽培植物的世界起源中心[M].董玉琛，译.北京：生活·读书·新知三联书店，1982.

[5]费尔南·布罗代尔.15至18世纪的物质文明、经济和资本主义[M].顾良，译.施康强，校.北京：生活·读书·新知三联书店，1992.

[6]佐藤洋一郎.长江流域的稻作文明[M].万建民，等译.成都：四川大学出版社，1998.

[7]何炳棣.明初以降人口及相关问题[M].葛剑雄，译.北京：生活·读书·新知三联书店，2000.

[8]古伯察.中华帝国纪行[M].张子清，等译.南京：南京出版社，2006.

[9]富兰克林·哈瑞姆·金.古老的农夫 不朽的智慧：中国、朝鲜和日本的可持续农业考察记[M].李国庆，李超民，译.北京：国家图书馆出版社，2013

[10]艾尔弗雷德·W.克罗斯比.哥伦布大交换：1492年以后的生物影响和文化冲击[M].郑明萱译，北京：中国环境出版社，2014.

[11]杰弗里·M.皮彻.世界历史上的食物[M].张旭鹏，译.北京：商务印书馆，2015.

[12]劳费尔.中国伊朗编[M].北京：商务印书馆，2015.

[13]郑逸梅.花果小品[M].上海：中孚书局，1936.

[14]万国鼎.五谷史话[M].北京：中华书局，1961.

[15]佟屏亚.果树史话[M].北京：农业出版社，1983.

[16]农业辞典编辑委员会.农业辞典[M].南京：江苏科学技术出版社，1979.

[17]唐启宇.中国作物栽培史稿[M].北京：农业出版社，1986.

[18]夏纬瑛.植物名释札记[M].北京：农业出版社，1990.

[19]郭文韬.中国大豆栽培史[M].南京：河海大学出版社，1993.

[20]中国农业百科全书：农业历史卷[M].北京：农业出版社，1995.

[21]朱自振.茶史初探[M].北京：中国农业出版社，1996.

[22]曹树基.中国人口史：第五卷：清时期[M].上海：复旦大学出版社，2001.

[23]罗桂环.近代西方识华生物史[M].济南：山东教育出版社，2005.

[24]张建民.明清长江流域山区资源开发与环境演变[M].武汉：武汉大学出版社，2007.

[25]游修龄，曾雄生.中国稻作文化史[M].上海：上海人民出版社，2010.

[26]王思明.美洲作物在中国的传播及其影响研究[M].北京：中国三峡出版社，2010.

[27]韩茂莉.中国历史农业地理[M].北京：北京大学出版社，2012.

[28]彭世奖.中国作物栽培简史[M].北京：中国农业出版社，2012.

[29]俞为洁.中国食料史[M].上海：上海古籍出版社，2012.

[30]曾雄生，陈沐，杜新豪.中国农业与世界的对话[M].贵阳：贵州民族出版社，2013.

[31]张箭.新大陆农作物的传播和意义[M].北京：科学出版社，2014.

[32]蒋竹山.人参帝国[M].杭州：浙江大学出版社，2015.

[33]何红中，惠富平.中国古代粟作史[M].北京：中国农业科学技术出版社，2015.

[34]李昕升.中国南瓜史[M].北京：中国农业科学技术出版社，2017.

[35]蓝勇.中国川菜史[M].成都：四川文艺出版社，2019.

期刊

[1]N.M.Nayar. History and Early Spread of Rice [J]. Origins and Phylogeny of Rices, 2014：15-36.

[2]Chen S and Kung K S. Of maize and men: the effect of a New World crop on population and economic growth in China [J]. Journal of Economic Growth, 2016, 21（1）：1-29.

[3]曹玲.明清美洲粮食作物传入中国研究综述[J].古今农业，2004（2）.

[4]曾芸，王思明.向日葵在中国的传播及其动因分析[J].农业考古，2006（4）.

[5]郭声波，张明.历史上中国花生种植的区域特点与商业流通[J].中国农史，2011（1）.

[6]王思明，沈志忠.中国农业发明创造对世界的影响[J].农业考古，2012（1）.

[7]刘馨秋，朱世桂，王思明.茶的起源及饮茶习俗的全球化[J].农业考古，2015（5）.

[8]王思明.丝绸之路农业交流对世界农业文明发展的影响[J].内蒙古社会科学，2017（3）.

[9]刘启振，王思明.西瓜引种传播及其对中国传统饮食文化的影响[J].中国农史，2019（2）.